ちくま新書

世界がわかる石油戦略

岩間 敏
Iwama Satoshi

840

世界がわかる石油戦略【目次】

はじめに

一八五九年に米国ペンシルバニア州でエドウィン・ドレイクが石油の機械掘りに成功し、近代的な石油産業がスタートしてからすでに一五〇年。この間、二〇世紀は「石油の世紀」とも言われるほどになり、石油は産業の原動力として、また、戦時の戦略物資として重要なエネルギーとなってきた。

安価で大量に生産された石油は、二〇世紀の後半には米国はもちろんのこと、先進諸国の繁栄と大量消費の文明を支え続けた。ローマクラブによる「成長の限界」が発表されたのはこの繁栄に陰りが出た「第一次石油危機」の前年、一九七二年のことであった。

また、経済の成長と発展とともに環境問題が表面化してきた。一九九二年、リオ・デ・ジャネイロで開催された国連の環境開発会議で採決された「リオ宣言」は、地球規模の環境問題へ本格的に焦点を当てることになった。

それから約二〇年、今日、環境と温暖化の問題は「エコ」の言葉とともに地球的な課題として我々の日常生活の中に入り込んでいる。

現在、太陽熱、太陽光、風力、バイオ燃料などの再生可能なエネルギーが脚光を浴び、その開発と普及が大きく進もうとしているのには、環境問題に対する危機感が背景にある。米国はオバマ大統領の就任とともに大々的に「グリーン・ニューディール」政策を掲げた。

しかし、二〇〇九年一二月に発表された「米国のエネルギー予測二〇一〇」の中で米国エネルギー情報局は「再生可能エネルギーが米国のエネルギー全体に占める割合は二〇〇八年の四％から二〇三五年の八％に上昇するに過ぎず、増加の大部分はバイオ燃料で、風力や太陽エネルギーは二〇〇八年の一％から二〇三五年の三％になるだけ」との見通しを発表した。

一方、「石油は一次エネルギーの中でその割合をわずかに減ずるものの、全体のエネルギー需要量の増加によって消費量は一〇％程度増える」ことも明らかにした。つまり、今後二五年経っても石油の占める地位にはほとんど変化がなく、消費量は増加するとの予測がなされているのである。

過去、二度の石油危機は、物理的な供給量の減少よりも原油の価格が高騰したことがその特徴の一つであった。その点では、二〇〇八年の夏に一バレル＝一四〇ドル台を示した価格高騰は「第三次石油危機」の発生とも言えた。

その後の世界経済の後退、それに伴う石油需要の減少によって石油の市場は若干の落ち着きを示しているが、基本的な需給関係と価格の決定構造に大きな変化はなく、米国とその他の国々での経済の状況によっては、価格が上昇する「石油危機」はいつ発生してもおかしくない。

この一〇年間で石油を巡る国際関係は大きく変化した。しかし、この変化は静かに時間をかけて進行したため、急激には表面化しなかった。その変化とは、石油の分野におけるロシアと中国の台頭と、国際関係における政治と石油の連結の強化であった。

第一次世界大戦の時、「石油の一滴は血の一滴」と述べたのはフランスのクレマンソー首相であった。太平洋戦争は米国が実施した対日石油禁輸によって、日本が「世界で最初の石油危機」に直面したことがその契機になった。石油は、もともと、政治的で軍事的な物資として扱われていたのである。

ロシアではソ連邦の崩壊後、国営の石油会社とガス会社の大部分は民営化されていた。しかし、プーチン大統領(現首相)の登場によって民営化されていた資産の再国営化が打ち出された。国家資産をすでに手中にしていたオリガルヒ(新興財閥)とプーチン大統領との間で熾烈な戦いが行われた。そして、最終的にはプーチン大統領が勝利を収めた。

また、一九九九年には一バレル＝一一ドルという二〇年来の安値となった原油の価格は「不況は寡占を促進させる」の言葉通り石油会社の統合と買収を促進した。そこへ、中国、インド、ブラジルなどの新興工業国が経済発展を続け石油の需要を増加させ、これに加えて投機、投資資金が原油市場に流入したため、原油の価格が徐々に上昇を始めた。価格は二〇〇五年には一バレル＝五〇ドル、二〇〇八年初頭には一〇〇ドルを超えた。

高騰した原油の価格は様々な経済的変化を引き起こした。中東をはじめとする産油国へ石油の収入が流れ込み、巨額のオイルマネーが世界を循環した。米国やロシアや中国はこの変動する環境の中で自国の基盤強化のために強力で明確なエネルギー戦略を推し進めた。プーチン大統領は増大する石油の収入を基盤に国内経済の立て直しと「強きロシア」の再来を志向した。中国は増大する石油の国内需要に対応するため海外で石油とガスを確保する戦略を展開した。

このため、石油とガスの権益を確保する動き、国際パイプラインのルート決定のせめぎ合いなどが国際政治を動かす要因になっていった。カスピ海の周辺でもグルジアでも石油を巡る経済的な戦争が静かにそして激しく進行していたのである。

今日、日本では「エコ」が一つの時流になって、石油は時代に遅れた印象がある。将来世代を考える時、環境の保全に反対する人はいない。今できる限りの環境問題への対応をする必要がある。

しかし、同時に我々は、今後、数十年間はエネルギーの主役であり続ける石油に関しても情報を収集して分析する必要がある。本書はその観点から、大きく変動し続けている石油情勢の動向を記述して、その把握と理解に役立つことを目的にした。

とくに混迷を続ける中東情勢、大きなプレイヤーとして行動を続けるロシア、エネルギーの確保戦略を進めている中国の動向に焦点を当てる。また、わが国の石油開発の現状と課題についても記述したい。

第１章

石油価格はなぜ乱高下するのか

1　石油の寿命は一八〇年？

†石油はどのくらいあるのか

「石油は地球上にどのくらい存在するのか？」――この問いを巡ってこれまで様々な予測が立てられてきた。とくにここ十数年、学界では石油資源の限界説が論議され続けてきた。その発端は、一九九八年にコリン・キャンベル（英）とジャン・H・ラエレール（仏）という二人の地質学者が論文「安い石油の終焉」で提起した、いわゆる「石油ピーク論」である。これは、「石油の生産量は二〇〇四年頃にピークを迎え、それ以降は生産量が減少する」とするもので、近未来の生産ピーク年を具体的に予測したことで衝撃を与えた。

石油ピーク論に基づく議論をしている論者もいまだに存在する。だが、石油ピーク論は予測としても、また、論理的にも破綻していると言わざるを得ない。石油ピーク論は、予測したピーク年が近づくたびに、二〇〇六年、二〇一〇年とピーク年を先延ばしする修正を繰り返してきた。それ以前にも、キャンベルは一九八九年には同年がピーク、一九九四年には一九九七年がピークと予測していた。

そもそも、石油ピーク論では、前提となる原油の究極埋蔵量を一兆八〇〇〇億バレル（当初は一兆六五〇〇億バレル）と予測しているが、これは明らかに低く見積もりすぎている。究極埋蔵量とは、既生産量（すでに採掘・生産した量）と確認埋蔵量（埋蔵が発見・確認されている量）と未発見埋蔵量（今後、発見される見込みの埋蔵量）の合計である。未発見埋蔵量がゼロだと仮定しても、既生産量と確認埋蔵量の合計だけで、一兆八〇〇〇億バレルを優に上回ってしまっているのが現状だ。石油は、天然資源である限り有限であり、いつかはピークが来るが、それはピーク論者が示す年よりもう少し先と言えよう。

石油資源ピラミッド・モデル

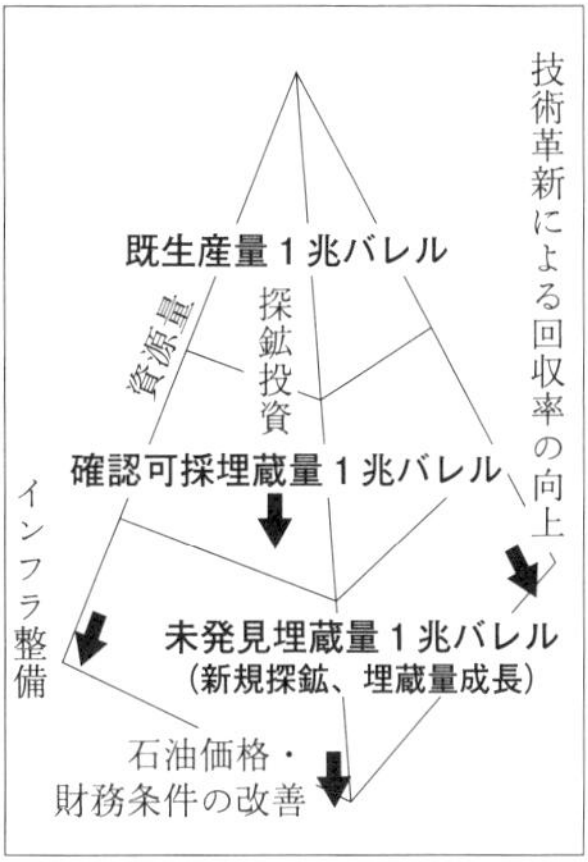

現在、多くの研究者から支持されている究極埋蔵量の予測は、二〇〇〇年末に米国の地質調査所（ＵＳＧＳ）が発表したものである。それによると、究極埋蔵量は、①既生産量一兆バレル、②確認埋蔵量一兆バレル、③未発見埋蔵量一兆バレルの合計三兆バレルである。

ちなみにバレルとは、米国で使用されてい

た木製の石油樽で、一バレルの容積は一五九リットルである。ドラム缶の容積は二〇〇リットルであるから、USGSの数値で計算すると、人類は二〇〇〇年までにドラム缶一兆二〇〇〇億本の原油を使い、二〇〇〇年以降、ドラム缶二兆四〇〇〇億本の原油を使えることになる。かつての予測とは異なり、石油はこれだけ潤沢であることが分かってきたのだ。

一九八八年末に約八八〇〇億バレルであった原油の確認埋蔵量は、二〇年後の二〇〇八年末には一兆二六〇〇億バレルとなった。新規の探鉱作業と既存油田の油層の広がりが確認されることで埋蔵量が「成長」したのである。二〇〇八年の石油消費量は約三〇〇億バレルであるから、確認埋蔵量を消費量で割った原油の可採年数は約四〇年となる。USGSの数値をもとにすると未発見埋蔵量は約八〇〇〇億バレルであり、この可採年数は約二七年である。したがって、確認埋蔵量と未発見埋蔵量の合計可採年数は約六七年となる。つまり、今後、新しく埋蔵量が発見されても、人類が使用できる石油の量は六七年分となる。

しかし、これは従来型の原油の量である。これとは別に、非従来型のオイルというものが、ほぼ原油と同量の埋蔵量で存在すると推定されているのである。

†非従来型オイルとは何か

非従来型のオイルとは、オイルシェール、オイルサンド、ヘビーオイルなどである。

オイルシェール（油頁岩）は、外見は岩石で、岩石層として地下に埋蔵されている。通常、オイル分を四％以上含むものが資源対象となる。米国、ロシア、ブラジル、中国、モロッコ、豪州などに大規模に存在し、可採埋蔵量は約三兆バレルと推定される。製造されたオイルはシェールオイルと呼ばれる。

このオイルシェールを初めて本格的に燃料として利用したのは日本であった。昭和の初期、南満州鉄道は、中国東北部の撫順炭鉱で、石炭層の上部を覆う厚さ一〇〇～一八〇メートルのオイルシェール層を取り除く必要に迫られ、オイルシェールの有効利用に取り組んだ。石油の確保を求めていた海軍の協力のもとに工場が造られ、太平洋戦争二年目の一九四二年には一四万キロリットル（日産二四〇〇バレル）のシェールオイルが生産されるようになった。改質（石油の組成・性質の化学的改良）によって、品質の良い石油が得られたため、潜水艦の燃料にも使われた。この撫順の工場は現在も稼働している。

オイルサンドとヘビーオイルは、原油が揮発して軽質分が失われた超重質油である。オイルサンドはビチューメンとも呼ばれ、砂に油が付着したものと考えればよい。アスファルト状で粘性が強く、層内に蒸気パイプを通して加熱し、流動性を高めて回収する。これに対しヘビーオイルは、流動性があってポンプでくみ上げることが可能なタール状の油である。オイルサンドはカナダのアルバータ州を中心に、ヘビーオイルはベネズエラのオリノコ川流域にそれぞれ存在する。

オイルシェールの埋蔵量は、埋蔵量の調査が詳細に行われていないため様々な予測があるが、各予測数値の中間値をとると一兆九七〇〇億バレルとなる。また、重質油と超重質油の期待可採埋蔵量は、それぞれ七二〇〇億バレル、七一〇〇億バレルとなっており、計一兆四三〇〇億バレルとなる（国連開発計画の報告書による）。したがって、オイルシェールと重質油、超重質油を合計した非従来型オイル全体の可採埋蔵量は三兆四〇〇〇億バレルとなり、その可採年数は一一三年となる。従来型原油は前述の通り六七年分が存在するので、これに非従来型原油を合わせた「石油」の寿命は約一八〇年となる。

†原油の価格によって埋蔵量が変わる

ところが、原油の可採埋蔵量は原油の価格によっても変化する。コストがかかりすぎるため開発できない大水深の海洋、極地、インフラ未整備地帯の原油は、可採埋蔵量には加算していないからだ。また、コストのかかる水平掘削、ガス圧入法、火攻法、ケミカル法などの方法がとれないため回収されていない原油も、可採埋蔵量にはカウントされていない。これらの原油は、価格が大幅に上がれば商業的に採算がとれるようになるため、可採埋蔵量に加えられるのである。

非従来型オイルの採掘に関しても、コストが問題となる。オイルシェールは豊富に存在し、採掘・乾留（加熱分解した揮発分の冷却・回収）・改質の技術は完成されているため、従来型の原油が枯渇すれば代替の液体燃料となり得る。石油危機後の一九八〇年代前半に、日本でも石油公団が中心となってオイルシェールの開発技術の研究を行ったが、コストが壁となり生産には至らなかった。アメリカでは一九八三年に「ユニオンオイル」のロング・リッジ工場（コロラド州）が操業を開始したが、一九八〇年代後半に原油の価格が大幅に低下し、その後二〇〇〇年以降の価格上昇まで低価格で推移したため操業の停止に追い込まれた。

オイルサンドは、二〇〇〇年以降の価格上昇を受けて生産に力が入れられ、日本企業でも「カナダオイルサンド」が商業化のための実験（日産七〇〇〇バレル）を行ってきた。しかし、二〇〇八年後半からの価格の急落により、オイルサンドの開発計画はここへきて足踏みをしている。

したがって、石油の最終的な可採埋蔵量は、産出し尽くした段階でしか判明しないとも言える。生産にどれだけコストをかけてもよいならば、埋蔵量は有限とはいえ相当に膨らんでいくからだ。可採年数は、先に述べた一八〇年はおろか、場合によっては数百年にも及ぶかもしれない。

2 原油の価格決定者は誰か

†セブン・シスターズの時代からOPECの時代へ

一九七〇年代〜八〇年代初頭に発生した第一次・第二次の石油危機の特徴は、価格の高騰であった。我々は石油危機と言うと、供給が途絶することをまず連想するが、実際の石油危機の際には、流通する石油の量はそれほど減少しておらず、価格の暴騰にこそその本質があった。

そして、二〇〇八年一月、原油の価格が史上初めて一バレル＝一〇〇ドルを超え、同年の夏には一四〇ドル台を記録した。価格は数年前から継続的、漸増的に徐々に上昇していたため、急騰したというより気がつけばこんなに高くなっていたという印象を与えた。しかし、価格の水準はまさに第三次石油危機と言えるものであった。

一九七三年の第四次中東戦争を契機に発生した第一次石油危機では、価格はそれまでの一ドル台から一〇ドル台へと急騰した。この価格はインフレ率を加味した現在の価格では五〇ドルに相当する。続いて、一九七九年のイラン革命からイラン・イラク戦争の期間に発生した第二次石油危機では、一四ドル台であった価格が三六ドル台へと上昇した。現在の価格では九〇ドル台前半に相当する。これらの価格と比較すると、二〇〇八年夏の価格は過去の石油危機の水準を大幅に上回っていたのである。

では、この乱高下する価格は、どのように決められてきたのであろうか。価格の決定者は、これまで様々に変わってきている。

石油産業の勃興期から第一次石油危機までは、国際石油会社（メジャー）が価格の決定者であった。とくに、一九五〇～六〇年代にかけて、セブン・シスターズと呼ばれるエクソン、モービル、ガルフ、テキサコ、シェブロン（以上、米）、BP（英）、ロイヤル・ダッチ・シェル（英・蘭）の七つの石油会社が価格を決定していた。

セブン・シスターズは、その全盛期には価格だけでなく、生産量も自由に操作した。そこで、このメジャーが持っていた価格と生産量の決定権に対抗して、産油国の権利を守るために、一九六〇年に石油輸出国機構（OPEC）がサウジアラビア、イラン、イラク、クウェート、ベネズエラの五カ国で結成された。

その後、OPECにはカタール、インドネシアなどが加盟した。OPECは「価格の決定権」「石油経営への参加」「石油権益の国営化」を掲げて活動し、テヘラン協定、トリポリ協定、リヤド協定が次々に締結されて、産油国の権限は拡大した。その結果、第二次世界大戦の終了から一九七〇年までの期間、一バレル＝一〜二ドルの間で安定していた価格は一九七一年に一バレル＝二・二ドル、七三年三・三ドルと徐々に上昇していった。

そして、一九七三年に勃発した第四次中東戦争を契機に、アラブ産油国は原油輸出の制限を行うとともに、OPECは価格を四倍に引き上げた。これ以降、価格は一二ドル台へと上昇した。これが第一次石油危機で、価格の決定権はこれを契機に完全にメジャーからOPECの手に移った。OPECの時代の始まりであった。

†市場決定の時代へ

しかし、OPECの時代は長くは続かなかった。一九七九年のイラン革命と翌年のイラン・イラク戦争によって第二次石油危機が起こり、価格はさらに上昇した。この価格の上昇は、コストの高い油田の開発を促すことになった。非OPEC産油国、とくに北海油田での生産が増加したため、OPEC原油の市場占有率は次第に減少していった。

それとともに、価格は徐々に市場で決定されていくようになった。OPECは八〇年代後半に、自らが決定していた公式販売価格制度をやめる。公式販売価格が市場の実勢価格よりも高くなり、実態に合わなくなってしまったためである。

市場で価格が決定されるようになったのは、スポット市場や先物市場など、売り主による支配が及ばない価格の決定方式や取引の形態が一九八〇年代以降、急速に広がったことが大きい。

一九八三年に、WTI（ウェスト・テキサス・インターメディエイト）原油の先物がニューヨーク・マーカンタイル取引所（ナイメックス）に上場された。WTIはテキサス州を中心に産出される、軽質で硫黄分の少ない原油である。ほぼ同時期に、北海のブレント原油の先物がロンドン国際石油取引所（現ICEフューチャーズ）に上場された。これらの先物の価格が、価格指標となり次第に原油市場で大きな影響力を持つようになっていった。

また、一九八〇年代の前半、石油の供給過剰によって、余剰分として一回きりの取引で売買されるスポット原油が増加し、スポット市場が発達した。先物の価格を参考に、スポット価格が発表される。中東原油については、スポット価格に連動させる形で、産油国は船積みの後に原油の月間平均価格を算定し買い主へ通知する。これにより価格はほぼ完全に市場によって決定されるようになった。

このため、価格は株式市場や為替市場と同様に実需を反映しない金融的な動向や思惑によっても上下するようになった。原油は市況商品になったのである。

†価格の乱高下を巡る「ファンダメンタル説」と「ファンド説」

二〇〇〇年代の前半に、WTI原油は三〇〜四〇ドル台を推移していた。これは生産コストや需給関係を基本としたファンダメンタルな価格とほぼ一致したものであった。しかし、二〇〇〇年代の後半に価格は急騰し、二〇〇八年七月に史上最高値の一四〇ドル台を記録したあと、同年一一月には急落し五〇ドル台に復帰した。

では、なぜ、このような急激な価格の上昇と下落が起こったのであろうか。まず、石油需給のファンダメンタルな要因として、需要の増加が挙げられる。国際エネルギー機関(IEA)は、「石油の需要は二〇〇七年の日量八五〇〇万バレルから年率一%で上昇して二〇三〇年には一億六〇〇万バレルになる」と予測している。先進国の需要は並行ないしは減少の傾向にあるが、非OECD諸国である発展途上国、とくに、中国とインドの需要が急激に増加しているためである。中国の増加は大きく、二〇〇〇年に日量四八〇万バレルであった需要が、二〇〇八年には八〇〇万バレルと一・七倍も増加してしまった。

世界全体の需要を見ると、二〇〇〇年の日量七六一〇万バレルが、二〇〇八年には八四五〇万バレルへと増加している。この増加量はペルシャ湾の産油国クウェート、カタール、UAE、オマーンを合わせた生産量を超えている。

次に、もう一つの価格の上昇要因として、原油の余剰生産能力が減少したことが挙げられる。需要の増加によって二〇〇二年に日産八〇〇万バレルあったOPECの余剰生産能力が二〇〇三年には四〇〇万バレルに半減し、さらに、二〇〇四年にはわずか五〇万バレルになってしまったのである。この情報が原油生産の逼迫感を生じさせて、石油市場で価格の上昇を支える一因となったのである。その後、この余剰生産能力は三〇〇万〜四〇〇万バレルを維持するが、市場には依然として需給に対する逼迫感と不安感が強く残り続けていた。

しかし、その逼迫感は価格上昇の引き金に過ぎず、原油市場へ短期的な利益を求める投資と投機資金が流入したことが、その後の急騰の原因とも見られている。これが、需給が原因だとする「ファンダメンタル説」に対抗する「ファンド説」である。価格の高騰はファンドの投機による人為的なものだとする説で、この立場をとるワシントン・ポスト紙は「原油の先物契約の八一％は金融機関によるものであって、二〇〇八年七月末の時点では四社の投資銀行が先物契約の三分の一を占めていた」と報じた。

†原油先物のからくり

価格の高騰を牽引したのは、世界最大の先物市場ナイメックスで取引されるWTI原油であった。この原油の生産量は一日わずか四〇万バレル程度に過ぎないが、市場では生産量の二〇〇倍以上の一億～二億バレル、価格が暴騰した二〇〇八年の平均では三・七億バレルの原油が売買された。

先物とは、一カ月や三カ月先に物品を受け渡す条件で取引をすることである。対象物は原油だけでなく、大豆、コーヒーなどの農産物、金、銀、銅などの鉱物資源がある。先物は現物を受け渡しする取引ではなく、将来の価格を予測した約定価格と期日到来日の清算価格との差を現金で決済する。先物取引では先物の表示する資金の全額は不要で、一定額の証拠金（一〇％前後）で取引ができるため、準備した資金よりも大きな取引が可能なレバレッジ（てこ）効果が生じている。

通常、先物は期日直近のものよりも先のもののほうが、金利やタンク施設の借り上げ費用や保険料などがかかるため価格が高くなる。これを順ザヤ（コンタンゴ）という。しかし、寒気やハリケーンの来襲、パイプラインの爆発や製油所の操業停止、戦争やクーデターなどで需給が急速に逼迫した場合には、直近の価格のほうが先物よりも高くなる。これを逆ザヤ（バックワーデーション）といい、状況によっては価格が暴騰する。

先物市場への参加者は石油会社、精製会社、商社、銀行、ファンドなどである。ナイメックスの先物市場は急激に取引量を増加させ、年間の出来高は二〇〇三年の四六〇億バレルから二〇〇八年には一三五〇億バレルにまで拡大した。

注目すべきなのは、かつて、米国の国債や社債などへ投資されていたロシアや産油国のソブリン・ウェルス・ファンド（政府系基金）、米国のカリフォルニア州職員退職年金基金などの資金が商品先物市場へ流れ込んだことである。

この資金の受け皿になったのは、商品インデックスファンドと呼ばれるものである。これは、原油、天然ガス、石油製品、貴金属、穀物、畜産などを組み合わせた投資商品である。この商品の組み合わせのうち、石油は二〇〜六五％の高い割合を占めていた。

商品インデックスの残高は、二〇〇三年頃までには一〇〇億〜二〇〇億ドル規模であったが、これ以降、急激に増加して、二〇〇八年には二〇〇〇億ドルを超えた。二〇〇八年前半に三二〇〇億ドルまで上昇したのち、二〇〇九年二月には一〇〇〇億ドルまで急落した。

これは、リーマン・ブラザーズ破綻による金融危機のあおりを受けて、投資家がヘッジファンドとの契約を解消したためである。ヘッジファンドは個人投資家、年金基金、企業などの投資家から資金を集めて、株式、債券などの売買で利益をあげてきた。その運用資金は、利益幅の大きい原油の先物市場に流れ込んでいた。投資家がヘッジファンドとの契約を解消し、ヘッジファンドの運用資金が急減したため、原油の先物市場からも資金が引き揚げられたのである。

このWTI原油が主導した価格の高騰には、米国経済の特性が反映されていた。米国経済は二〇〇〇年代、一貫して拡大基調が継続した。そのため、産油国のオイルマネー、各国の余剰資金が米国の金融市場へと流入し続けた。

二〇〇七年夏のサブプライム・ローンによる金融不安の発生によって、株式市場から商品市場へと資金が移動していった。この時、金融不安と景気の減速のために、政策金利が引き下げられドル安が発生した。ドル安は、ドル通貨以外の国の投資家にとって、相対的にドル建ての原油の価格が割安になったことを意味する。このため、原油市場にはドル建て通貨国以外の投資家の資金も流れ込んだ。

そして、二〇〇八年八月以降、金融危機による先物市場からの資金の引き揚げと金融危機による世界的な不況で石油の需要が減退するとの見込みが強まったため、原油の価格が急落したのである。

世界の原油埋蔵量と生産量（2009）

国名	生産量（万バレル／日）	生産量シェア	埋蔵量（億バレル）	埋蔵量シェア	可採年数
①ロシア	992	14%	790	6%	12
②サウジアラビア	792	11%	2,641	21%	67
③米国	534	8%	305	2%	12
④中国	377	5%	155	1%	11
⑤イラン	373	5%	1,376	11%	87
⑥メキシコ	261	4%	119	1%	10
⑦カナダ	253	4%	286	2%	24
⑧ UAE	227	3%	978	8%	90
⑨ベネズエラ	217	3%	994	8%	108
⑩クウェート	201	3%	1,015	8%	100
上位 10 カ国	4,227	60%	8,659	69%	
全世界	7,050	100%	12,580	100%	

（注）埋蔵量が 10 位以内で生産量が 10 位以下の国の埋蔵量＝イラク 1,150 億バレル、リビア 437 億バレル

（出典）生産量＝OGJ、埋蔵量＝BP 統計 2009

†原油価格の今後

今後、原油の価格はどうなるのであろうか。

WTI原油の価格は二〇〇八年夏の一バレル＝一四〇ドル台から、二〇〇九年初頭には三五ドルへと急落した。しかし、二〇一〇年三月現在、価格は八〇ドル弱になっている。価格は再び静かに上昇しているのである。

価格は、需給関係などのファンダメンタルな要因と、米国経済の状況、資金の流動性などで左右される投資的、投機的な要因によって動くことはすでに見た通りである。しかし、価格を急激に変化させるのは、前者より後者、すなわち投資的、投機的な要因である。とくに、バブル的な価格の変動は、投資者や投機者の追従行為が原因になるところが大きい。

現在の原油のファンダメンタルな価格は一バレル＝四〇～六〇ドルであろう。それ以外の幅は、投資的、投機的なプレミアムである。現在の原油を取り巻くファンダメンタルな環境は、バブル状況にあった二年前と何ら変わりがない。

しかし、プレミアムの部分は、経済動向、金利、余剰資金の流動性などの諸要因の複雑な組み合わせで決まるため、株価や為替と同様に予測が難しい。

問題は、価格を決定しているナイメックスの先物市場が、投機的な思惑で大きく乱高下することにある。現時点では、この市場暴走の原因となるヘッジファンド、金融派生商品に対して有効な規制がなく、制御することはできない。このことは、原油に限らず、現在の金融市場が持つ問題そのものである。

したがって、現状の経済環境では一バレル＝六〇～八〇ドル台が続くと思われるが、今後、米国経済が回復して資金の流動性とインフレ、金利に変動が生じた場合、原油が再び八〇～一〇〇ドルの幅に入り、一時的には一〇〇ドルを超える可能性もある。すでに述べた通り、原油の価格は商品価格化しており、予測がつけられないのである。

石油会社の投資と産油国の石油収入はどうなっているのか

エクソン、シェルなどのメジャーは石油の開発プロジェクトに資金を投下する時に、一五％以上の利益率が得られることを基準にしている。しかし、原油の価格が上昇を続けた二〇〇三年以降は、実際のプロジェクトからあがる利益は三〇％以上にもなっていた。その理由の一つは、メジャーは投資を決める時に基準となる価格を一バレル＝三〇〜四〇ドル程度に設定していたために、その後に価格が上昇した分、利益が出たためであった。価格が暴騰していた時、メジャーは、価格が一〇〇ドルを超えるような状態を石油の需給関係を反映していない商品相場的な価格だとして、いつ下落してもおかしくないと予測していた。需給関係を反映したファンダメンタルな価格は、三〇〜四〇ドル程度と見ていたのである。

石油開発は投資を開始してから生産が開始されるまで早くても四〜五年、大水深の海洋油田や自然環境の厳しい極地などでのプロジェクトでは五〜八年程度の歳月が必要になる。そのため、一〇〇ドルを超える価格を基準にして経済性の計算をすると、四年以上も先の生産が始まる時には価格が下落していて採算を大きく割り込む可能性がある。したがって、二〇〇五年以降に価格が高値を続けた時にも、メジャーは新規の油田開発へ投資するのには慎重であった。現在もメジャーはプロジェクトへの投資を決める際には四〇〜五〇ドル程度の価格を基準にしている。

では、価格の内訳はどうなっているのか。現在、産油国で主流となっている「生産物分与契約」では、生産された原油から生産費、探鉱費、開発費などの必要なコストと産油国の決まった取り分であるロイヤリティーを回収して、残りの部分を産油国と石油会社で一五対八五程度の比率で分け合う。最初に投資した探鉱費と開発費は、四〜七年程度で回収が終わる。

初期投資の回収が終わると、それ以降は、生産のためのコストとロイヤリティーを除いた分を産油国と石油会社とで配分する。石油会社の取り分には四〇％程度の税金がかかる。この段階での石油会社の取り分は、生産される原油の七〜一〇％程度になる。生産物分与契約とは、生産された原油で配分を行うという意味である。したがって、原油の価格が高い時には産油国はもちろんのこと石油会社の利益も大きくなる。

価格が一バレル＝七〇ドル、生産量が日産一〇万バレル程度の中規模油田、石油会社の原油の分配率を全体の一〇％とすると、この会社の年間の利益は二億五五五〇万ドル、円換算（一ドル＝一〇〇円）すると二五六億円になる。生産物分与契約の契約期間は通常は三〇年程度で、契約の延長も可能である。探鉱、開発、生産コストの合計は一バレル当たり三ドルから二五ドル程度までで、油田の条件によって異なっている。

3　原油価格乱高下の中の産油国

†産油国収入の実態

産油国の収入はどうなっているのであろうか。ある産油国の生産量を日産一〇〇万バレル、原油の価格を一バレル＝七〇ドルとすると、単純計算では一日七〇〇〇万ドル、一年間では二五六億ドルの石油収入が生じることになる。サウジアラビアの生産量は日産七九二万バレル、石油収入は年間二〇二四億ドル、クウェートは日産二〇一万バレルであるから、石油収入は五一四億ドルとなる。

一〇年前の価格は一〇ドル程度、五～六年前は二五ドルであったから、わずかな期間に産油国の石油収入は七倍以上になったことになる。サウジアラビアとクウェートは国営の石油会社が生産を行っている。

ロンドンに本拠を置く、ヤマニ元サウジアラビア石油相が主宰する「世界エネルギー研究所」はバーレーン、クウェート、オマーン、カタール、サウジアラビア、UAEの湾岸六カ国の石油収入を二〇〇三年は一四〇〇億ドル、二〇〇七年は三三〇〇億ドル、二〇〇八年は五六〇〇億ドルと推測した。

ＯＰＥＣの生産量は世界の約四割、日産三〇〇〇万バレルである。二〇〇八年の平均価格は一バレル＝一〇〇ドルであったからＯＰＥＣの石油収入は一日三〇億ドル、一年間では一兆九五〇億ドルであった。非ＯＰＥＣ加盟国の代表であるロシアやノルウェーにも巨額な石油収入がある。ここで言う石油とは、地中から汲みだされた天然のままの原油と、それを精製した石油製品を合わせたものである。

†石油収入を政府系ファンドで運用

原油の価格が上昇傾向を続けた二〇〇七年、ＷＴＩ原油の価格は平均して一バレル＝七二ドルであった。世界の石油輸出量は日量で五五〇〇万バレルである。単純計算では、石油の輸入国から産油国へ一日当たり四〇億ドル、年間では一・四兆ドルが移動したことになる。二〇〇八年、価格は、さらに、上昇して平均で一〇〇ドルとなった。産油国へは二兆ドルの石油収入が流入した。産油国はこの石油収入をどのように使用しているのであろうか。

産油国政府の石油収入は、まず、政府の歳入として一般予算などに充当される。石油に関連した投資、公共投資、輸入品への支払いなどに使用される。それでも余った収入は、海外投資に向けられて運用される。そのため、産油国は「ソブリン・ウェルス・ファンド」と呼ばれる政府系のファンドを設立して、余った石油収入を運用している。この政府系のファンドの原資には、石油収入以外では外貨準備や財政上の黒字も使われるが、金額的には石油収入が圧倒的に多い。

この政府系のファンドの資金規模は、二〇〇八年末で三・三兆ドルに達している。これらの資金は英国を経由して世界に還流するのが普通であるが、専門機関の調査では、それらの大部分は最終的には米国へ流入する。米国に入った資金は米国の国債、政府機関債などに回されて、保守的かつ堅実に運用されていたが、最近では、より積極的で利回りの高い運用として、株式やファンドを通じての先物市場への投資が増えている。この巨額な資金、とくに中東産油国の王族資金などの流れは秘密にされていて、米国の財務省統計でも投資先が不明となっている。

†主な産油国の政府系ファンド

サウジアラビア

サウジアラビアへは、二〇〇八年に三八〇〇億ドルの石油収入が流入した。サウジアラビアは世界最大の原油の生産国にもかかわらず、政府の収支は二〇〇二年まで赤字であった。しかし、二〇〇三年以降は原油価格の上昇によって黒字に転換した。二〇〇八年の政府歳入は一一二五億ドル、歳出は一〇二五億ドルで、差し引き一〇〇億ドルの黒字となって対外債務はない。現在、サウジ通貨庁（SAMA）、公的年金庁（PPA）、社会保険庁（GOSI）などに蓄積された対外資産は三二〇〇億ドルに達している。今までこれらの資産は米国の債券を中心として運営されてきたが、最近では財務省傘下の「公的投資ファンド」（PIF）が中心になって、株式への投資の運用方針を打ち出した。また、新しい政府系のファンドを設立することも検討されている。

アブダビ

世界最大の政府系のファンドはアブダビ投資庁（ADIA）である。このファンドは一九七六年に設立されたが、その運用資金は一兆ドルと推定されている。しかし、このファンドの情報は一切公開されていない。資金は米国の国債、債券、不動産、ヘッジファンド、金の保有などで幅広く運用が行われていると推察される。二〇〇七年に、ADIAはサブプライム・ローンで資金難に陥った米国のシティバンクへ七五億ドルの出資を行い、四・九％の株主になり金融界の注目を浴びた。ADIAは、「現時点では、経営状況が悪くても優良な金融機関へは積極的に投資を行って、安値で株式を取得する」との投資方針を発表した。

ノルウェー

先進国の中では、北海油田からの石油の収入を基盤とする「ノルウェー政府年金基金」がある。ノルウェーは北海油田を発見して以来、独自の石油政策を打ち出してきた。人口がわずか四六八万人と少なく、また経済規模も小さい国で、大量の石油の収入が引き起こす経済のひずみを回避するために様々な政策が採用されてきた。その中では、「資源の温存」と「国産石油産業の育成」が石油戦略の基本とされてきた。このため、石油開発は計画的、段階的に進められて生産量も抑えられていた。

しかし、一九九〇年の湾岸戦争によって原油の価格が高騰すると、ノルウェーはこの生産量を抑制する政策を放棄し、増産へと政策を切り換えた。この年、政府は増加する石油収入を原資として、国民の老齢化に備えるための「政府年金基金」(GPF)を設立した。地下に温存していた石油資源を汲みだして資金に換え、それを運用して国民の福祉のための資金を生み出すという政策に転換したのであった。

この基金は、世界で最も成功した基金の一つと言われ、情報は公開されて株式と債券の

主要産油国政府系ファンド

ファンド名	設立年	保有資産	原油生産量	人口	1人当たり資産額
アブダビ投資庁（ADIA）	1976	10,000	227	190	526,300
サウジアラビア通貨庁（SAMA）	1952	3,200	792	2,400	13,300
ノルウェー政府年金基金（GPF）	1990	3,500	203	468	74,800
クウェート投資庁（KIA）	1953	2,100	200	318	66,000
ロシア予備基金、国民福祉基金	2004	1,900	992	14,190	1,340
カタール投資庁（QIA）	2005	500	77	145	34,500

（単位）資産＝億ドル、原油生産量（2009）＝万バレル／日、人口＝万人、1人当たり資産額＝ドル
（注）保有資産額は未発表のため各種資料による推定値
（出典）BP統計2009、OGJ、外務省各国情報、各国大使館他

半々で運用されている。基金の運用には厳しい倫理規定が設けられており、軍需産業や環境汚染を行った企業は、公開されたリストによって投資先から外されている。

ロシア

二〇〇四年、原油の価格が上昇したことによって経済の混乱を乗り切ったロシアは「安定化基金」を設立した。この基金の基金の原資は原油の輸出税と生産税であった。この基金は二〇〇八年には「予備基金」と「国民福祉基金」に分けられ、さらに天然ガスの輸出税と石油製品の輸出税も原資に組み込まれた。

ロシアでは、石油とガスの収入の分配は予算法によって明確に定められている。具体的な配分は、まず、石油とガスの収入の六割が国家予算に組み入れられる。残りの収入は基準額に達するまで予備基金に組み入れる。それでも余剰金が出た場合には国民福祉基金へ組み入れることになっ

ている。石油の収入が予定された国家予算の組み入れ額に達しなかった場合には、予備基金が取り崩される。

†原油価格下落時の産油国

二〇〇八年の後半に起こった金融危機とそれに続く原油の価格の暴落は、産油国に大きな財政的な影響を与えた。この変動を、価格の上昇によって経済的な破綻を乗り越えてエネルギー大国に変貌していったロシアを例に見てみる。

金融危機は政府と国内の石油会社に大きな衝撃を与えた。まず、価格を見ると、二〇〇八年六月にはロシアの基準原油であるウラル原油は一バレル＝一三〇ドルであった。この価格が五カ月後の一一月には半分以下の五〇ドルに下落して、さらに、翌年の初頭には三四ドルになってしまった。

二カ月ごとに見直される原油の輸出税は一バレル＝五一ドルから三九ドル、一四ドルへと次々に下げられたが、生産税の一七ドルと生産のための操業費を合わせると、石油会社の収益は大幅な逆ザヤになってしまった。政府も価格の下落に合わせて輸出税を下げ続けたが、価格の下落する速度のほうが速い状態になっていた。石油会社は原油の輸出量を減少させ、輸出税の支払いを少なくして逆ザヤの額が増えるのを防いだ。このため、石油会社の原油タンクは満杯になった。

国家収入の大部分を原油とガスからの収入に依存しているロシアでは、政府の予算を作成する際に原油の価格を想定する。二〇〇九年の予算を作成する時に想定された価格は、当初、九五ドルであった。

しかし、実際の価格が急激に下がり始めると想定価格は七〇ドル台へ、さらに、最終的には四〇ドル台まで落とされた。原油価格は二〇〇九年の五月以降には五〇ドルを超え、一二月には七〇ドル台に上昇したため、財政上はようやく息がつける状態になっている。

この価格の下落は石油とガス会社にも大きな影響を与えた。金融危機によって会社の株価が暴落してしまったのである。ロシア最大の政府系ガス会社であるガスプロムの株価は、二〇〇八年五月から一〇月の五カ月の間に五分の一になってしまった。

ロシアの石油、ガス会社は株式を銀行融資の担保にしている。株価が下がることによって、担保の価値も下落してしまった。そのため、これらの会社へ融資をしている外国系の銀行は金融危機による資金の不足と融資先が担保割れするのを避けるために、貸し剝がしを図った。融資金を引き揚げられた会社は担保割れの状況になったため、他の銀行による借換えの都合がつかず資金不足に陥っていった。

このため、政府はロスネフチに四二億ドル、ガスプロムへ一〇億ドル、ルクオイルに二〇億ドル、TNK-BPへ一八億ドルと、合計で九〇億ドルもの緊急支援の融資を行って会社を支え続けた。これらの石油とガス会社の銀行からの借入金は、合計で八〇〇億ドルになると推測されている。

4 ガソリンの価格

†ガソリンの価格のうち半分は税金

二〇〇八年三月、国会ではガソリン税の「暫定税率」を巡って、与党の自民党と野党の民主党との間で激しいやり取りが続いた。参議院に送られた税制関連法案は、多数を占める民主党によって否決されたあと、衆議院で再決議され、二〇一八年三月末まで適用されることになった。この時期は、原油価格の上昇によってガソリンの価格が引き上げられていたこともあって、ガソリン税に対する国民の関心も強かった。二〇〇八年七月にガソリンの価格は過去最高の一リットル＝一八一円まで上昇した。この国会での審議と攻防の過程で、国民はガソリンの価格の半分は税金が占めることを知ったが、では、ガソリンの価格は具体的にはどのように構成されているのであろうか。

まず、ガソリンの原料である原油の生産コストは産油地域、油田によって大きな差がある。中東の陸上油田では一バレル当たり三～五ドル、自然環境の厳しい氷海、大水深の油田ではコストが割高となって一五～二五ドルとなる。これを一リットル当たりで、円（一ドル＝一〇〇円）を単位に換算すると、前者では一・九～三・一円、後者では九・四～一五・七円となる。生産コストだけで三～五倍の差があることが分かる。

最もコストの安い中東原油の場合、ガソリンの価格に占める原油コストの割合は一・五％、コストが高い沖合の大水深油田から生産される原油でも一二・二％に過ぎない。しかし、生産コストが安くても高くても、その原油の性状が同じであれば市場での原油価格は同じである。コストの高い原油は産油国と石油会社の取り分が少なくなるだけである。

ガソリンの価格は①原油、②精製・販売・利益、③税金で構成されている。二〇〇九年一二月のガソリン（レギュラー）価格は一リットル＝一二七円であった。
①の原油費は産油国から運ばれてきた原油の日本渡しの価格（ＣＩＦ）で示される。二〇〇九年一二月、この価格は一バレル＝七九ドル、一リットル・円換算では四四・一円であった。
②の精製・販売・利益は二一・〇円、これが石油会社の自由になる部分でガソリンの価

格に占める割合は一七％に過ぎない。石油会社はこの枠内から精製と販売のコストを捻出して利益を出すのである。

③の税金はガソリン税（定額税）五三・八円、石油・石炭税（定額税）二・〇四円、消費税（五％）六・〇五円の合計六一・八九円になる。ガソリン税は国税の揮発油税（暫定税率四八・六円、本則税率二四・三円）と地方道路税（暫定税率五・二円、本則税率四・四円）に分かれている。現在は暫定税率の合計五三・八円がガソリン税として適用されている。つまり、ガソリン価格の四九％は税金なのである。

総選挙のマニフェストで暫定税率の廃止を掲げ政権の座に就いた民主党は、二〇〇九年一二月、暫定税率の継続を発表した。財政難がその理由である。

†日本のガソリン価格は国際的には高くない

では、日本のガソリン価格を国際比較するとどうであろうか。原油の価格がピークに近かった二〇〇八年五月の国際比較では、ガソリンの価格はフランスが一リットル＝二・二四ドル、以下、ドイツ二・二二ドル、英国二・二一ドル、韓国一・七九ドル、日本一・五四ドル、米国一・〇〇ドル、中国〇・八五ドル、サウジアラビア〇・一二ドルであった。日本の価格はOECD加盟国二九カ国のうち、低いほうから五〜六番目になる。つまり、当時、一リットル＝一六〇〜一八〇円であったガソリンの価格は先進国の中では安かったのである。

主要各国のガソリン価格（2009年12月）

単位：円／リットル

国名	価格	内税金	輸入原油価格
ドイツ	172	114	42
イタリア	169	103	41
フランス	166	108	42
英国	161	104	43
スペイン	142	77	42
日本	127	62	41
カナダ	85	28	41
米国	64	10	41

（注）仏、独、伊、英、スペインはプレミアム・ガソリン。日、加、米はレギュラー・ガソリン。原油価格は2009年10月平均。
（出典）国際エネルギー機関（IEA）資料より著者作成

この時期、欧州では価格が二四〇円まで上がった。ベルギーとドイツでは運送業者のデモやストライキが発生して社会問題にまで発展していた。ガソリンの価格を構成する原油の価格と精製コストは、各国ほぼ同一である。価格に差が生じるのは、ガソリンに課せられる税金のためである。

英国は北海油田を保有しているため石油を自給できている。それにもかかわらずガソリンの価格は日本よりも高い。これは、欧州諸国には「環境保全のための税金」「安いガソリンは消費を促進する」「温暖化対策のために車の使用を少なくする」などの考えが背景にあり、「なるべく車を使わせない」との政策をとっているためである。また、消費税率も一五〜二〇％と日本と比較して割高である。

米国は自動車産業と石油産業の発祥国であって、現在もこれらの産業が社会の中心を占めている。社会が車の使用を前提に動いているため、ガソリン税は一リットル＝一〇円程度と安い。ガソリンへの課税と銃の統制は米国社会の鬼門になっている。しかし、車社会の米国でも、原油価格の高騰はガソリンの価格を、二〇〇四年四月の四七円から二〇〇八年四月には九〇円へと、四年間で二倍に上昇させた。また、そのあとに起こった米国を震源地とする金融不況は自動車の販売量を激減させ、三大自動車会社の経営基盤までを揺るがす状況になっている。

そのため、当然のことながら、大排気量の車から小排気量の車やハイブリッド車への移行、さらにはエネルギー政策の目玉として電気自動車の開発と普及が計画されている。

それでも米国でのガソリンの価格は二〇〇九年末現在、一リットル＝六〇円台であり、これは日本の約半分である。

日本のガソリン税率は、車の使用規制と環境対策を目的として高率に設定されている欧州各国と、車は社会の必需品だとして低率に設定されている米国との中間にある。今後、日本が低炭化水素・環境対応社会と、それに適応するライフスタイル転換の戦略を目指すならば、ガソリン税率と税の用途は、単に税収問題としてだけでなく再議論される必要があるだろう。

第2章

中東の終わらない危機

1　イラク戦争の根源はイラン・イラク戦争

†長年の国境争い

一九九〇年の湾岸戦争でイラクがクウェートへ侵攻した背景の一つに、その一〇年前に勃発したイラン・イラク戦争がある。イラン・イラク戦争は、もともとは局地的な国境紛争に過ぎなかった。チグリス川とユーフラテス川が合流してペルシャ湾へ流れ込むまでの間は、シャット・アル・アラブ川と名前が変わる。この川がイランとイラクとの国境であると同時に国境紛争の種にもなってきた。

イラク側の川岸には第二の都市で石油の積出港バスラが、イラン側にはアバダン製油所と石油の積出港ホラムシャハルがあって、この流域は両国の石油産業上、最も重要な地域となっている。

英国の統治時代から両国の間では、国境をイラン側の川岸とするか、渇水期の中央線とするかで長年揉めてきた。そのため、一九七〇年代には頻繁に武力衝突が発生した。この時期、イランは豊富な石油収入を利用して、パーレビ国王の主導による近代化のための改革「白い革命」を実施していた。

米国はイランを中東での西側陣営の牙城とするために国王を支援していた。米国製の武器で装備されたイラン軍は、湾岸諸国の中で最大かつ最強であった。人口もイラクの一六〇〇万人に対して、イランは三五〇〇万人と倍以上あった。

チグリス川とユーフラテス川

一九七九年の一月、イスラム回帰を目指すイラン革命の火が燃え盛り、混乱する国内情勢の中、パーレビ国王はついに国外へ脱出する。代わって、ホメイニ師が亡命先のパリから一五年ぶりに帰国して国民の熱狂的な歓迎を受けた。イラン革命の成功であった。

ホメイニ師は近代化の路線をとるパーレビ国王と対立し、一九六四年にイラクへ亡命していた。その後イラクは、中部の聖地ナジャフからイランの信者へイスラム革命の遂行を指導していたホメイニ師をパリへ追放した。イラクは隣国のイランで台頭して勢いをつけつつあったイスラム革命が、国内の人口では過半数を超える国内シーア派へ波及するのを恐れたのである。

この混乱の中で、日産六〇〇万バレルもあった原油の生産量は、国王が国外に亡命した時にはわずか四〇万バレルにまで下がり、「第二次石油危機」が発生した。

†イラン・イラク戦争の開始

このイラン革命は米国の中東政策を転換する大契機となった。それまで米国に育成され中東での「米国の代理人」としての役割を果たしていたパーレビ政権がもろくも崩れ去ったのは、米国にとって想定しない大きな外交的な痛手であった。

イラン革命が成功した年の一一月、イランのムスリム学生団がテヘランの米国大使館を占拠し、「米国大使館人質事件」が起こった。米国大使館員がスパイ行為をしたというのがその理由であった。

国際法を無視したこの事件は、五二人の大使館員を人質にして四四四日間も続いた。この事件の影響は大きく、これ以降、米国とイランの関係はかつての同盟国から敵対国へと変貌した。米国とイランは国交を断絶して、米国はイランへの制裁を発動した。この対立によって、米国は「敵の敵は味方」として、本格的にイラクを支援することになる。

一九八〇年九月、イラク空軍機が、突然、イランの主要都市と空軍基地を爆撃した。同時に、イラク軍の地上部隊がイラク南部からイラン領のフゼスタン地方へ侵攻し、イラン・イラク戦争が始まった。イランとイラクを合わせて日産九〇〇万バレルあった原油の生産量は、戦争が始まって二カ月後には一〇〇万バレルになってしまった。八〇〇万バレルの原油が石油市場から消え去ったのである。第二次石油危機の発生であった。このため価格は一バレル＝一四ドルから三〇ドルに急騰した。

戦争は長期戦となって続き、一九八八年の前半には両国がお互いの首都、テヘランとバグダッドをミサイルで攻撃した。この年の七月、国連の安全保障委員会は、「イラン・イラク戦争の即時停戦」「戦争責任の調査」「武器の輸出禁止」「経済制裁」などを含む国連決議五八九号を採択した。

長年の戦争に疲れ果てていた両国は、この決議を受け入れて、翌月に停戦が成立した。こうして、七年一一カ月にわたる長い長い戦争がようやく終わった。双方の戦死者の合計は一〇〇万人を超えると推測されている。翌一九八九年六月、イラン革命のシンボルであったホメイニ師が死亡した。

†湾岸戦争――イラクのクウェート侵攻

一九九〇年八月、大統領警護隊を基幹とするイラクの機甲部隊が、突然、クウェートに侵攻した。イラク軍は国境を越えてから四八時間後にはクウェートの全土を制圧した。イラクは、直ちに、傀儡的なクウェート暫定自由政府を樹立して、「クウェートをイラクへ併合する」との宣言を行った。クウェートはイラクの第一九番目の州とされたのである。
　また、イラクは両国間の紛争の対象になっていたルメイラ油田と、クウェート領のワルバとブビヤンの両島を、自国領のバスラ州へ組み込むことを明らかにした。

このイラクのクウェートへの侵攻とそれに続く併合は、当事者のクウェートはもちろんのこと、米国、サウジアラビア、エジプトなどの関係国にも予想外の出来事であった。

エジプトのムバラク大統領はイラクが侵攻する一週間前にバグダッドを訪問し、フセイン大統領から「イラクはクウェートを攻撃しない」との言質を得て、両国間の調停を開始していた。この時、イラクがクウェートに要求したのは次の項目であった。

(一) クウェート領のワルバ島とブビヤン島の使用権
(二) イラン・イラク戦争時のクウェートへの債務一〇〇億ドルを帳消し
(三) ルメイラ油田の盗掘に対する賠償金二四億ドルの支払い

（四）ＯＰＥＣの割当分を超えたクウェートの生産により原油の価格が下落した分の補償

ここで賠償金の支払い対象になったルメイラ油田とは、一九五四年から生産を開始した両国の国境にまたがる可採埋蔵量一三〇億バレルを超える大油田である。この油田はクウェートではルトカ油田と呼ばれている。イラクの盗掘非難に対して、クウェート政府は「ルトカ油田の生産量はわが国の生産量のわずか二％に過ぎず、盗掘はありえない」と表明していた。

また、イラクが盗掘として請求した賠償額の二四億ドルは、当時の価格一バレル＝一八ドルを適用すると、一億バレル以上の生産量に相当する。これは、クウェートがこの油田で生産している量の一〇年分に相当するためイラクの主張が疑われた。また、周辺の産油国からは「石油操業の国際慣行上、自国領内の生産井からの生産は国境線まで認められている」との反論がなされた。

†イラクのクウェート侵攻理由は財政問題

イラン・イラク戦争の期間、イラクの戦費を支え続けたのは、イラン革命の波及を恐れた湾岸諸国からの援助金と借款であった。この援助の打ち切りと借款の返済が、戦後のイラク経済の大きな負担になっていた。

戦争の開始前、イラクの生産量は日産三五〇万バレルであったが、戦争中は一〇〇万バレル台で低迷していた。外貨収入のほとんどを原油の輸出に依存するイラクが、生産量の減少にもかかわらず戦争を八年間も続けることができたのは、湾岸諸国が財政的な支援を続けたためであった。

しかし、戦前にはクウェートと肩を並べるほどの水準を誇ったイラクの経済は、戦争によって完全に荒廃してしまった。また、戦争の終結とともに一〇〇万人とも言われる兵士達が復員したが、彼らの働き口はなかった。さらに、湾岸諸国からの合計八〇〇億ドルの戦時債務がイラク経済にのしかかってきた。

そのため、イラクの石油政策は、価格の値上げと増産によって収入を増加させることが最優先となった。具体的には、OPECの割当量を維持して価格を一バレル＝二五ドルに引き上げることであった。このイラクの政策に真っ向から対立したのが、クウェートとUAEであった。

クウェートの人口はわずか二〇〇万人である。原油の生産能力は日産二四〇万バレル、OPECの割当量は日産一五〇万バレルで、余剰の生産能力は十分にあった。また、財政的には海外投資からの収入が石油の収入を上回り、収支バランスも良好な状態にあった。クウェートの石油政策は代替エネルギーの開発が行われない低水準の価格を維持して、その分、増産によって収入を維持することであった。この政策に沿って、湾岸戦争の直前にはOPECの割当量を超える生産を行っていた。

UAEも人口一五〇万人の小国である。原油の生産能力は日産二三〇万バレル、OPECの割当量は日産一一〇万バレルであった。UAEは七つの首長国の連合による連邦であるが、このうち、アブダビの生産量が大半を占める。連邦の主導権を得るために、一九九〇年代前半には割当量の倍近い原油の生産を行っていた。

イラクはイランとの戦争中に湾岸の産油国から財政的な援助を受けたが、それらの債権国に対して「イラン革命の防波堤になった」との意識を強く持っていた。三〇万人の戦死者を出し、一一〇〇億ドル、八年の歳月を費やして対ペルシャ戦争を戦い抜いたとの自負と、戦後の厳しい経済状況とのギャップが、フセイン大統領をクウェートの金と石油と領土に向かわせることになった。

さらに、イラクはイランとの戦争中に米国の支援を受けて湾岸の盟主となり、戦争の過程で、湾岸最大の軍事大国にもなっていた。また、フセイン大統領には「米国は少々のことは黙認するだろう」との思いがあった。

†湾岸戦争を支えた米軍の輸送作戦と石油

米軍は、イラク軍のクウェートへの侵攻に続いて、サウジアラビアへの侵入を阻止するため、大量の兵員を空輸する「砂漠の盾」作戦を実施した。最大の目的は、イラク軍がサウジアラビアの油田地帯を占領するのを防ぐことであった。この作戦は人員の輸送に重点が置かれ、米軍は五〇万人の兵員と五〇万トンの装備を、短期間にサウジアラビアへ運び込んだ。

さらに、一九九一年一月に行われたクウェートの奪回を目的とした「砂漠の嵐」作戦では、二四万人の兵員の輸送と同時に、海上輸送によって戦車や兵員輸送車などの重装備が持ち込まれた。大西洋とペルシャ湾に一五〇隻の輸送船が浮かび、海上輸送された物資は八三〇万トンに達した。

湾岸戦争の期間中にサウジアラビアへ運び込まれた石油の量は、合計で四〇〇〇万バレル、ドラム缶に換算すると三二〇〇万本になる。この大量の石油を輸送するために、サウジアラビアの兵站基地から部隊の前線基地へ、石油製品のパイプラインが敷設された。

なぜ、大産油国であるサウジアラビアへ米国から大量の石油が輸送されたのか。航空機や戦車の燃料はそれぞれの兵器の仕様に合った石油製品でなければ十分な性能が発揮できないためである。湾岸戦争を支えたのは、米軍の兵站作戦と石油の輸送作戦であった。

2 イラク戦争の目的は石油ではない

†最小の犠牲で最大の効果?

「四七〇〇人」、この数値は二〇一〇年二月現在のイラク戦争での多国籍軍兵士の戦死者数（米国防総省発表）である。この他に、民間の警備会社社員は一〇〇〇人以上、イラク市民は一〇万人以上、旧イラク軍と武装勢力は二万六〇〇〇人以上の犠牲者を出している。この数値は現在も増加を続けている。

二〇〇三年三月、多国籍軍のイラク攻撃によって開始されたイラク戦争は、三週間後には、米国政府が「バグダッド制圧、フセイン政権の崩壊」を発表した。五月にはブッシュ大統領による戦闘の終結宣言が行われた。この段階で多国籍軍の戦死者は一七二人、米国防省は「イラク戦争は最小の犠牲で最大の効果を上げた」と発表した。しかし、その後、七年、イラクでは旧イラク軍の残党、スンニ派の武装勢力、シーア派の過激派民兵、アルカイーダ系の武装勢力が多国籍軍へのテロ攻撃に加えて、お互いに入り乱れての内戦状態が続いている。

では、なぜ、米国はイラク戦争を始めたのだろうか。公式には戦争を主導した米国と英国は、「イラクが湾岸戦争の停戦協定（安保理決議六八七号）による大量破壊兵器の国連査察に応じなかった」ことをイラク攻撃の理由としている。それ以外にも、「イラクの石油を米国の石油資本が確保するため」、「フセイン政権を倒し親米政権をイラクに打ち立てるため」、「原油の決済をドルからユーロへ変更したフセインを放置しておくとドルの地位が揺らぐため」などの多くの情報と推測が流れた。

†潜在的な石油大国

イラクの原油の確認埋蔵量は、サウジアラビア、イランに次いで世界第三位の一一五〇億バレルである。原油の生産量は世界一一位で日産二四〇万バレルと埋蔵量に比べて少ない。その理由は、過去三〇年間、イラン・イラク戦争、湾岸戦争、イラク戦争と続く戦争の時代に、生産の停止と開発の停滞、石油専門家の海外への流出、国連と欧米各国の経済制裁が続いたためであった。

主力油田は北部のキルクーク油田と南部のルメイラ油田の二油田で、生産量の八割を占

イラクの主要油田

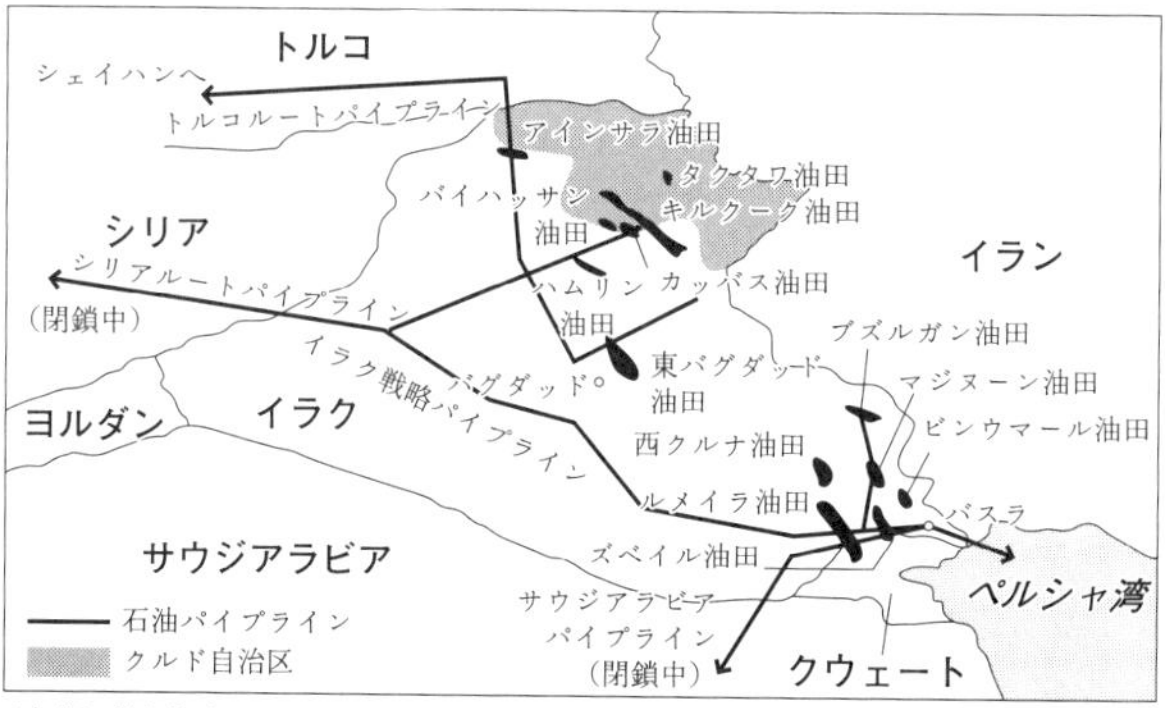

（出典）著者作成

めている。潜在的な石油大国と言われる理由は、その埋蔵量と八〇を超える発見済みの油田があるにもかかわらずその開発がなされず、生産中のものはわずか十数油田に過ぎないためである。

イラクは油田の修復と設備の増設のみで、生産量を日産三五〇万バレル程度に引き上げることができ、メジャーが参入して本格的に油田を開発すれば六〇〇万バレルを目指すことも可能である。イラク政府は、公開された油田の開発が進めば一〇〇〇万バレルも可能としているが、国内の治安と海外の石油会社の参入状況からすれば多分に希望的な数値と言える。

イラクも現状を容認しているわけではなく、具体策として、「二〇一三年には生産目標を日産四五〇万バレルにする」として、油田とガス田の入札結果を発表した。公開された油田とガス田はルメイラ油田、ズベイル油田、キルクーク油田、西クルナ油田、マンスーリヤ・ガス田、アッカス・ガス田など計八油・ガス田である。開発する生産量の合計は、最低でも日産三八〇万バレルという大規模なものであった。

しかし、イラク側の入札条件が厳しく、落札が決まったのはクウェート国境のルメイラ油田だけであった。この油田の落札会社はBP（英）とCNPC（中）連合であった。両社はイラク側の要請によって、一度入札していた条件を半減して落札した。最終的な条件は報酬額で、一バレル当たり二ドルであった。この数値は一般的な請負契約の条件としてはかなり低い額である。

この連合のオペレーターであるBPは、ロシアの西シベリアにある巨大油田サモトロールを中心に、ロシアのチュメニ石油（TNK）と合弁で事業を行っている。しかし、ロシアの石油契約の内容が厳しく、このプロジェクトからの撤退を視野に入れているとの情報がある。ルメイラ油田の開発目標は、生産量を現行の日産一〇五万バレルから二八五万バレルへと引き上げることである。この生産量は世界最大級で、西シベリアの事業損失分を補うのに十分と言える。

中国はイラクへの参入に積極的で、今回公開された八油・ガス田中、六油・ガス田に応札した。中国の国営石油会社「CNPC」「CNOOC」「シノペック」の三社が参加している。中国の「自主開発原油の確保」と「メジャーと組んで技術を習得する」との戦略がここでも表れている。また、ルメイラ油田への参加比率は不明であるが、半分の権益を確保した場合、中国はこのプロジェクトだけで、日産一〇〇万バレルを超える原油を入手することになる。

入札の結果を見ると、イラクは米国、英国、フランス、ロシアなどの石油会社を区別することなく、経済条件と技術力で落札会社を選定している。イラク戦争を戦い、現在も治安維持のために駐留して多大な犠牲を出し続けている米国の石油会社エクソンとコノコ・フィリップスは、いずれもイラク側の条件と合わず落札できなかった。

このあと行われた入札では、一〇鉱区が公開されて、そのうち七鉱区が落札された。日本の「石油資源開発」とマレーシア国営のペトロナス連合が南部にあるガラフ油田の開発権を獲得した。この油田は一九七六年に発見され、可採埋蔵量は八・六億バレル、現在の生産能力は日産三・五万バレルである。この生産能力を二三万バレルまで引き上げるのが参入会社の目標となる。報酬は一バレル当たり一・四九ドル、ルメイラ油田の報酬率と比べるとかなり厳しい条件である。米国のメジャーはこの入札に応札していない。全般的に落札条件が厳しく、それほど、利益が出ないと見込んでいるためと推測される。

†イラク戦争の目的

戦争の開始前から、「この戦争は石油が目的だ」とする報道が目立っていた。経済制裁のために、米国の石油会社はイラクに参入していなかった。そのため、戦争の終結と同時に、「米国はイラクの石油権益を取る」との推測があった。また、米国のハリバートン、ケロッグ・ブラウン&ルーツ、ベクテル、ルイス・バーガーなどの石油サービス、ゼネコン企業が巨額の戦時・復旧業務を請け負ったことが挙げられる。

これらの会社のうち、チェイニー米副大統領が元最高経営責任者（CEO）であったハリバートンと、その子会社ケロッグ・ブラウン&ルーツが大型の復興業務を受注したため、米国の戦争目的は、ハリバートン他の石油サービス会社の利益を確保するためであったとの情報も流れて、チェイニー副大統領に批判が集中した。

確かに、同社の米国防省からの受注額は、二〇〇二年に四億八〇〇〇万ドルであったものが、翌年には三九億ドルへと八倍にも増加している。受注の内容は主として米・英軍の駐屯地への兵站、油田火災の鎮火、破壊された油田施設の修復、航空機ガソリンなどの燃料補給と広範なものであった。

しかし、油田と戦争被害の復旧には全て米国の特別予算が投入されていた。戦争を遂行するのに最重要な部門である兵站分野に、フランス、ロシア、中国などイラク戦争に反対した国の企業が参入することには無理があった。

また、ハリバートンやケロッグ・ブラウン&ルーツ、ベクテルは、石油分野では独占的な技術と市場力を保有している企業である。平時のビジネスでも、これらの企業に対抗できるのはフランスのシュランベルジャー程度である。

米国にとっては、安全性を考えて戦時に総合力を持つ自国の企業を活用しただけと言える。チェイニー副大統領はハリバートンから会社規定による年金の供与は受けているが、当然のことながら、戦時の受注による報酬契約はない。政府高官が特定の企業に便宜を与えることは背任、贈収賄になり、別次元の話である。

米国は開戦の前から「イラクの石油はイラク国民のために」とのスローガンを掲げていた。戦争の終結後、暫定政府の石油相にはガドバン元石油省企画局長が着任し、実務者中心の行政体制を確立した。さらに、「最高石油天然ガス評議会」を設立し、議長にはアラウィ首相が着任した。評議会の役割は石油産業の発展と石油収入を最大化することであった。

復旧後の、発見済みで未開発の油田については、石油省の主導で入札が行われる予定であった。技術力、資本力からすれば、米国のエクソン、シェブロン、英国のBP、シェルなどのメジャーが権益を取得するのは自然である。フセイン政権時は、フランスのトタール、ロシアのルクオイル、中国のCNPCなどの石油会社が、油田の開発契約を締結していた。

これらは、むしろ米国や英国を牽制するフセイン政権の政治的な意図によるものであって、高度な開発技術が必要とされるプロジェクトに、トタール以外のロシアと中国の石油会社が適正であるかどうかは疑問があった。

イラクの権益確保で先行するこれらの企業に替わるべく、米国の企業が強い関心を示していた兆候はない。米国政府が戦争によってフセイン政権を倒し、自国の企業にイラクの権益を取得させるという見方は戦費と人員の損失を考えれば経済的にも合わない。現在は石油契約によって参入企業の取り分は決められていて、それ以上の取り分が得られるものではない。資源の所有権は産油国に属している。現在は一九世紀の帝国主義の時代ではないのである。

米国はこの三〇年以上、中東の原油への依存度を減らし、輸入先を多角化するとの石油戦略をとってきた。ペルシャ湾岸からの原油の輸入量は、米国の全輸入量の二割以下に抑えられている。その大部分はサウジアラビアからであり、イラクからの輸入は五%以下に過ぎない。現状においては、イラクからの原油の輸入は、輸入先の多角化とイラク経済への支援程度の意味しか持っていない。

では、なぜ米国はイラクを攻撃したのであろうか。やはり、湾岸戦争の停戦決議を無視してきた独裁国イラクが大量破壊兵器を保有することによる中東の安定性への危機感があり、そこから引き起こされるイスラエルへの脅威を取り除くことが目的であったと思われる。石油に関しての米国の直接的な利益というよりも、イラクを独裁国から民主的な政権に転換させ、世界経済を支援する産油国への道を設定するという中東戦略と、米国にもともとある押し付け的な理想主義と民主主義に対する素朴な正義感が、イラク攻撃の底流にあったと思われる。

しかし、この目論見は崩れ、大量破壊兵器は発見されず、内戦状況が続くイラクでは人的損害に加えて戦費もかさみ、開戦以来、二〇〇九年末現在で米国が投入した戦費は七一〇〇億ドル、日本円で約六七兆円、一日当たり二七〇億円が使用され続けている。

米国では現在、ベトナム戦争の際に膨大な人的損害と戦費が社会と経済を蝕んだのと同じような現象が起こりつつある。このイラク戦争の泥沼に加えて、金融危機による経済不況下にある米国ではブッシュ大統領の不支持率は七六％に上昇し、トルーマン大統領の不支持率六七％を抜く史上記録を示した。

国連が認めた多国籍軍の駐留期間は二〇〇八年末で切れ、それ以降は、イラクと駐留軍間の安全保障協定による駐留となった。オバマ大統領は、二〇一〇年八月末までに米軍の戦闘任務を終え、二〇一一年末には完全撤退を行うと表明している。

新生イラクの発展は、スンニ、クルド、シーアの各派が治安の回復に合意して、経済基盤である石油資源の開発へ目標を移行できるかどうかにかかっている。現時点では各派の主張は異なり、米軍が撤退した後の国内情勢の先行きは不透明である。

3　イランとホルムズ海峡の危機

†長い米国との対決

ブッシュ前政権の中東政策は、イランとの戦いであった。イラン革命以来、米国とイランは三〇年以上の厳しい対立を続けてきた。一九八八年にはイランがペルシャ湾に機雷を敷設したため、その報復として米海軍はイランのフリゲート艦を撃沈した。またこの年、米海軍のミサイル巡洋艦「ヴィンセンス号」は、ペルシャ湾上でイラン航空のエアバス旅客機を攻撃機と誤認して撃墜した。

すでに述べた通り、イラン革命まではイランと米国は強力な同盟関係にあった。しかし、イランによる米国大使館の占拠事件後、この両国の「最も強い同盟関係」は「最も険悪で危険な関係」へと変化した。

米国はカーター政権による「イラン資産の凍結」に始まって、レーガン政権の「テロ支援国家」、クリントン政権の「ならず者国家」、ブッシュ政権の「悪の枢軸」といずれの政権もイランに厳しいレッテルを貼って、「イラン石油開発規制法」「イラン・リビア制裁法」と次々に経済制裁を課してきた。

イラン・リビア制裁法は一九九六年にクリントン政権によって発動されたが、その内容は「イランの石油、ガス開発へ年間四〇〇〇万ドル以上の投資を行った外国企業に制裁を加える」というもので、制裁の対象者は米国輸出入銀行の支援、輸出許可の発行、米国の銀行から年間一〇〇〇万ドル以上の融資、政府調達などを禁止されることになった。

この制裁法は米国企業だけでなく外国の企業も対象としたため、メジャーを含めてイランへの参入は大きな制限を受けることになった。同法によるリビアへの制裁は、リビアがパンナム機の爆破事件への補償を行い、大量破壊兵器の破棄を表明したことによって二〇〇四年に解除されているが、イランへの制裁はその後も継続されている。

この米国とイランとの厳しい対立が続く中で、二〇〇二年以降、イランの核開発疑惑が表面化した。各国の批判にもかかわらずイランは、「原子力の開発は平和利用が目的」として核開発の計画を進めたため、国連は制裁を含む「核開発中止」の安全保障理事会決議を採択した。米国は過去の経緯をふまえ、「イランは中東のテロ輸出国であり核開発は絶対に阻止する」と主張して現在に至っている。しかし、イランは国内の原子力施設が爆撃を受けた場合は「ホルムズ海峡を封鎖する」と表明し、さらに、「敵が引き金に手をかける前に彼らの手を切り落とす」との過激な発言を続けている。

†日本との関係

イランはペルシャ湾岸の石油とガスの大国である。原油の確認埋蔵量はサウジアラビアに次いで世界第二位、原油の生産量は第四位、天然ガスの埋蔵量はロシアに次いで第二位、天然ガスの生産量は第四位である。日本がイランから輸入する原油の量は、サウジアラビアとUAEに次いで三番目に多い。

イランは原油の輸入相手国であるだけでなく、合弁事業の相手国でもあった。一九七三年、三井グループとイラン国営石油化学（NPC）は合弁でイラン・ジャパン石油化学（IJPC）を設立した。ペルシャ湾岸の最北部、イラクとの国境地帯にあるバンダル・シャプール（のちにバンダル・ホメイニと改名）に石油の随伴ガスを利用して石油化学コンビナートを造るのが目的であった。しかし、このプロジェクトは建設の過程で数々の出来事に巻き込まれることになる。

まず、プロジェクトが発足した直後の一九七三年一〇月に、第一次石油危機が発生した。石油危機は急激なインフレを引き起こし、事業費は当初の見込みであった一五〇〇億円から七四〇〇億円まで膨れ上がった。当時の円ドルレートは三六〇円であったから、いかに巨額であったかがわかる。そして、工事が八割以上完成した一九七九年一月、イラン革命が勃発した。

さらに、同年の四月にはイランの君主制が廃止され、イラン・イスラム共和国が成立した。この年にはテヘランで米国の大使館が占拠される事件も発生している。革命によって中断していた工事は再開されたが、一九八〇年九月にはイラン・イラク戦争が勃発した。この戦争中、国境地帯にある建設現場はイラクの空軍機によって二〇回もの爆撃に見舞われた。一九八九年一〇月、三井グループはついにプロジェクトからの撤退を決定した。

日本側の損失は三三〇〇億円に達していた。その一部の七八〇億円には国の海外投資保険が適用された。日本側の撤退の後、イラン側は会社名を「バンダル・イマム石油化学会社」と改名して韓国企業に工事を請け負わせ、建設を続けた。イランにとって採算を度外視した、あとには退けない国家的な事業の遂行であった。この工事は一九九四年には完成

ペルシャ湾周辺のイランの油田・ガス田

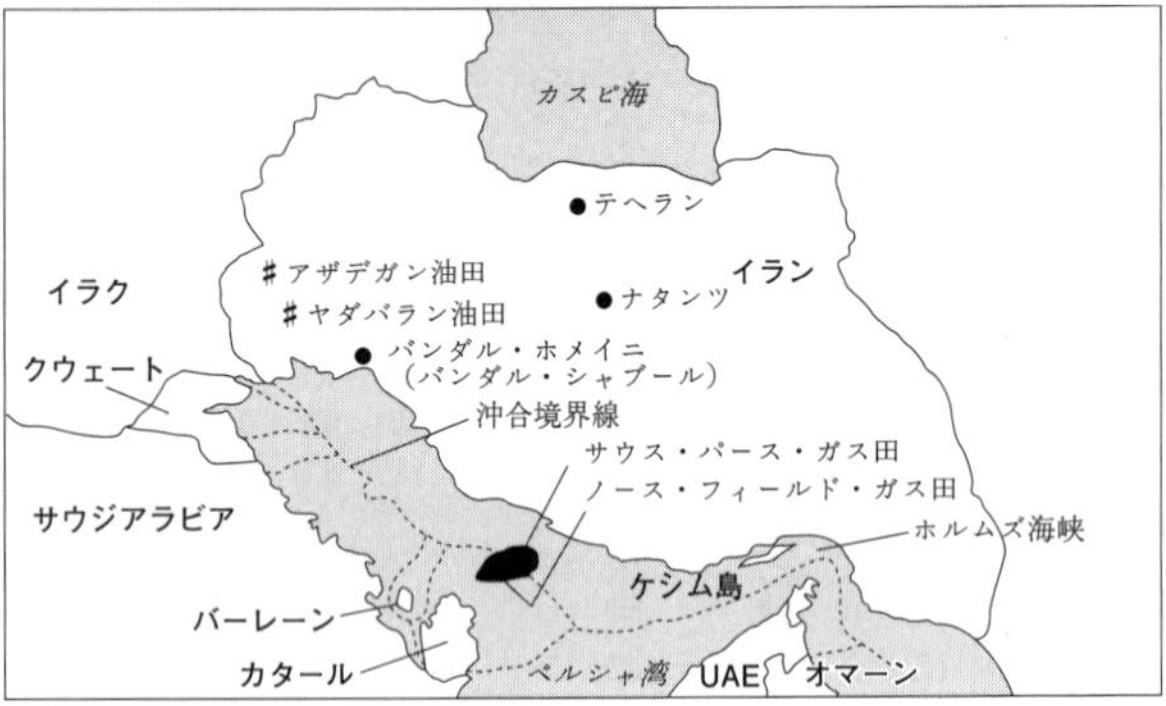

(注) ノース・フィールド・ガス田(カタール)とサウス・パース・ガス田(イラン)は一体構造の世界最大ガス田

してプラントは操業を開始した。

現在、同社の周辺には石油化学関連の工場が次々に建てられ、イランの石油化学の中心地域になっている。第一次石油危機、イラン革命、イラン・イラク戦争、第二次石油危機に翻弄されたこのプロジェクトは、カントリーリスクの教科書と言われている。

†原油輸出がゼロになる可能性

現在、イランで最大の問題は、原油の生産量が、年々、日量で四〇万バレルの減少を続けていることである。この三〇年、イランの油田は油層のメンテナンスがほとんど行われていない。EU、国連、米国の経済制裁がボディーブローのように効いており、新たにイランの石油ビジネスに参入する企業がないのである。

この数年では、ヤダバラン油田に参入した中国のシノペック程度である。このプロジェクトによる生産の増量は日産九万バレル程度で、減少を続けている生産量の歯止めにはならない。また、同社は中国の三大国営石油会社の一つで規模は大きいものの、母体は精製が中心の下流企業であり、上流部門の最新技術を保有していない。中国企業は米国の制裁を気にかけない強みがあるものの、複雑な油層のために高度な技術が必要とされるイランでの操業には技術力に疑問がもたれている。

イランは、現在、第四次の五カ年経済計画（二〇〇五〜二〇一〇年）を実施中である。この計画の目玉は原油の生産能力を日産四〇〇万から五四〇万バレルへ引き上げることである。しかし、経済制裁が継続されている現状では目標の達成はほとんど困難と見込まれている。逆に生産量がこのまま減少を続けていけば、二〇一五年には原油の輸出量がゼロになる可能性がある。生産量の減少を止め増産に向けるには、油層への高度なガス圧入の技術が必要とされている。その技術は欧米のメジャーが保有している。

二〇〇八年五月、シェルとレプソルが、ペルシャ湾の沖合にある世界最大級のサウス・パース・ガス田第一三鉱区（ペルシャンLNG）からの、同年七月にはトタールが同第一一鉱区（パースLNG）からの撤退を明らかにした。ペルシャ湾の真ん中に位置するこのサウス・パース・ガス田はカタール海域へ延び、世界最大のノース・フィールド・ガス田

（可採埋蔵量九〇〇兆立方フィート）と一体をなしている。イラン側のサウス・パース・ガス田の可採埋蔵量は五〇〇兆立方フィートと言われている。

大きな単一構造のガス田が、海上の境界線でイランとカタールに区切られているのである。対岸のカタールがこの十数年の間に、年間の生産量が二八五〇万トン（石油換算日産七〇万バレル）の世界最大のLNG生産国になったにもかかわらず、イランが未だLNGプラントの建設に着工できない現状を見ると、経済制裁がいかに強力であるかが分かる。

このサウス・パース・ガス田からの三社の撤退表明は、核の疑惑が強まる中、国連、EU、米国の制裁と要請を考慮した結果であった。当然のことながら、撤退の判断はイラン政府に大きな衝撃を与えた。そのため、イランは、急遽、中国のCNOOCと交渉して、このプロジェクトの引き継ぎに関する契約を締結したとの情報が流れた。

しかし、LNGプロジェクトはメジャーの技術と経験が必要で、過去に実績がないCNOOCにプロジェクトの引き継ぎが可能かどうかは疑問がある。イランもそのことは十分に承知していて、トタールとシェルに対してプロジェクトへの復帰の要請を続けている。両社とも撤退を表明した後、契約破棄の署名を保留し、様子見を続けている。

なお、二〇〇九年六月のイラン大統領選挙の後、オバマ米大統領は国内の世論を受け、イラン情勢について静観から非難へと姿勢を変えた。イラン政府は対外的な強硬策を変えず、核開発の中止の方針を出していないが、対外的な関係改善と経済制裁の解除以外に、イランを取り巻く石油とガスの環境を変える道はない。原油の輸出がゼロになるのはそんなに先の話ではない。

†緊張する海峡

二〇〇八年六月、「イスラエル空軍が地中海東部でF－15とF－16戦闘機、空中給油機を動員して大規模な演習を実施した」との報道が流れた。この演習の内容は、給油機も参加した長距離爆撃と見込まれたことから、「イラン中部のナタンツにあるウランの濃縮施設への空爆を想定したもの」と報じられた。イスラエルからイラン中部へは直線で二〇〇〇キロの距離である。同じ頃、イスラエルのモファズ副首相は、「イランの核計画を中断するためには攻撃しか選択肢がない」との過激な発言を行った。

六月下旬、市場に「イランの核施設が攻撃された」との噂が流れた。この情報は直ちにイラン側によって否定されたが、イランのナッジャル国防軍需相は「国内攻撃を受ければ壊滅的な被害をもたらす報復を行う」との声明を出した。六月末、イランのジャファリ革命防衛隊司令官が、「イランが軍事攻撃を受ければ、革命防衛隊はペルシャ湾とホルムズ海峡を管理下に置く」と国営放送で警告した。

七月に入ると、イラン革命防衛隊（イスラム革命直後の一九七九年五月、革命の防衛を目的に法学者の直属組織として設立された。総兵力一二万五〇〇〇人。海軍部隊はフリゲート艦、高速小型ミサイル艇を持つ）が軍事演習を開始した。この演習では、九発の新型中距離ミサイル「シャハブ三改」が発射された。このミサイルは北朝鮮製のノドン改良型と言われているが、到達距離は二〇〇〇キロメートル、搭載量は一トンで、イラン西部から発射すればイスラエルの全域が射程内に入る。一方、バーレーンに司令部を置く中東海域担当の米第五艦隊ケビン・コスグリフ中将は、「米国はイランによるペルシャ湾とホルムズ海峡の封鎖を容認しない」と述べて、湾岸周辺の緊張が一気に高まった。

このイランによるホルムズ海峡封鎖の警告は、二〇〇六年六月、ホメイニ師の逝去一七周年の式典で最高指導者ハメネイ師が、「核開発への制裁問題が発生した際にはホルムズ海峡の封鎖も考えられる」と発言して、世界に大きな衝撃を与えたのが最初であった。

†世界の原油流通量三分の一が停止

ペルシャ湾岸にはサウジアラビア、イラン、イラク、クウェート、UAE、カタールの産油国があり、世界最大の産油地域となっている。この地域からの原油の輸出量は日量一六〇〇万バレルで、世界の輸出量の三六％を占めている。原油の一部は陸上パイプラインを通じて地中海へ運ばれているが、大部分は湾岸の港からホルムズ海峡を通過して輸出されている。

イランが警告するホルムズ海峡の封鎖が実施されれば、世界の三分の一以上の原油の輸出が止まることになる。この量を代替する原油の供給地はない。ホルムズ海峡が封鎖されれば原油そのものの輸出の停止、すなわち、物理的な供給の途絶に至り、第三次石油危機が発生することになる。石油備蓄の放出、湾岸以外の産油国での増産がなされたにしても、供給の途絶と価格の高騰は、石油市場を混乱させて世界経済へ甚大な影響を与えることが確実である。

過去、最大の供給途絶が発生したのは、一九九〇年八月の湾岸戦争時であった。イラクがクウェートに侵攻して両国が原油の輸出を停止した時、供給の途絶量は日量約四六〇万バレル、期間は一二カ月、途絶した原油の総量は一六億五六〇〇万バレルに達した。

この時はサウジアラビアと中東以外のOPEC産油国、北海などの増産によって、二カ月後には原油の供給量は開戦前と同量に回復した。世界の余剰生産能力がイラクとクウェートの輸出の途絶分を補ったのである。しかし、現在の余剰生産能力は日産二〇〇万～三〇〇万バレルと少なく、最大の生産量、余剰能力を持つサウジアラビアの積出港は、ホルムズ海峡の奥にある。

ホルムズ海峡は、ペルシャ湾とオマーン湾を結びアラビア海に通じる国際海峡で、海峡を挟んで北はイラン領の沖縄本島より少し大きいケシム島、南はオマーンの飛び地となっている。

海峡最狭部の幅は三三キロ。航路は中央部に設けられた幅三キロの緩衝水域を挟んでそれぞれ幅三キロの往航、復航路が定められており、右側通行となっている。日量一六〇〇万バレルを運ぶ原油タンカーに加え、石油換算で日量一一〇万バレルのLNGタンカーが通過する。このLNGの通過量も世界の移動量の三分の一に相当する。ホルムズ海峡を迂回する航路、代替する輸送路はない。

†ホルムズ海峡封鎖は日本経済を直撃

ホルムズ海峡が封鎖された場合、石油の供給面で最も大きな影響を受けるのは日本である。二〇〇九年の日本の、製品を含む石油の輸入量は日量三七〇万バレル（対前年比一〇%減）であった。このうち、湾岸の産油国からの輸入は日量三〇八万バレルで、輸入量の九割弱を占めている。日本は原油に加えて、アブダビとカタールから合計で年間一〇三〇万トン（石油換算日量二五万バレル）のLNGを輸入している。この湾岸産のLNGは日本全体の輸入量の二割に相当する。

石油危機が生じた場合、唯一の対応手段は石油の備蓄である。日本の備蓄量は二〇〇九年末現在、石油備蓄法による在庫量を内需燃料量で割る計算方式では一九七日分、単純に備蓄量を輸入量で割った計算では一二六日分となっている。石油の備蓄は海外にある油田を国内へと移動させることであり、最も確実な供給の途絶への対応策である。今後の危機に備えるためには、輸入量比率の一八〇日分程度の備蓄が望ましい。

　一方、世界最大の石油輸入国である米国が湾岸産油国から輸入する量は、輸入全体の二割弱に過ぎない。経済制裁を行っているイランからの輸入はない。米国は中南米、アフリカ、カナダ、欧州・ロシア、中東、メキシコからの輸入を均等に振り分け、中東からの輸入比率を減少させる輸入先の多角化戦略をとっている。欧州諸国の中東からの平均輸入比率は二割、中国は四割弱である。

　しかも、イランが警告するホルムズ海峡の封鎖はイラン自身の首を絞めることにもなる。イラン経済はほとんど全てを原油の輸出に依存している。現在のイランの輸

湾岸産油国の原油生産量と輸出量　単位：万バレル／日

国名	生産量	輸出量	日本の輸入量
サウジアラビア	792	732	113
UAE	227	233	69
イラン	373	244	42
クウェート	200	174	35
イラク	240	186	6
カタール	77	70	43
計	1910	1639	308
世界・日本計	7050	—	370

（注）生産量＝2009年、輸出量＝2008年、日本の輸入量＝2009年
（出典）OGJ、OPEC統計、石油連盟統計

出量は日量約二五〇万バレルである。原油の価格が一バレル＝七〇ドルの場合、一日当たりの輸出収入は一億七五〇〇万ドルにもなる。イランの輸出額の八割強を占める収入の途絶はイラン自体の経済を直撃し、自滅状態に陥るのは確実である。ホルムズ海峡封鎖は、世界経済、日本、イラン、いずれにとっても利益にならず、緊張の拡大と経済の混乱を引き起こす以外、何も生み出さない。

現時点では封鎖の引き金はイスラエルのイラン爆撃と言われている。しかし、イスラエルが単独でこれほど重大な対イランカードを切ることは考えられず、その場合は米国の対イラン政策、中東政策の判断が密接に影響する。イスラエルのイラン空爆からイランのペルシャ湾封鎖、米軍の介入へ、という連鎖反応は、世界経済へ与える影響が大きすぎるシナリオである。

4 石油供給の鍵はサウジアラビア王国の安定性

サウジアラビアは原油の確認埋蔵量、生産量、輸出量ともに世界第一位の石油大国である。サウジアラビアで石油が開発されたのは比較的新しく、第二次世界大戦の終了後である。大戦開始の直前の一九三八年、米国系の石油会社カソックがサウジアラビアで最初のダンマン油田をペルシャ湾岸で発見した。

この後、同社はアブ・ハドリ油田、アブカイク油田、カチーフ油田などの大型の油田を次々に発見する。しかし、一九三九年に勃発した第二次世界大戦によって、これらの本格的な開発は戦後まで延期された。

日本とサウジアラビアとの最初の交流は一九〇九年、広島県出身の山岡光太郎氏のメッカ巡礼が最初であった。同氏は帰国後、『世界の神秘境アラビヤ縦断記』、『回教の神秘的威力』などの著書を出している。

公的な接触は、一九三九年に日本政府がエジプト駐在の横山正幸公使、中野英治郎駐エジプト公使館員、三土知芳商工省技師をサウジアラビアへ派遣したことに始まる。この横山使節団は友好条約の締結を交渉の名目としていたが、本当の目的は、カソックが油田を発見したことによって、一躍、石油の有望国となったサウジアラビアの石油権益を得ることであった。当時、日本は米国から石油の八割を輸入していた。しかし、日華事変の勃発で中国と戦争状態になった日本は、日米通商航海条約の破棄に続き米国の石油禁輸も予想される経済制裁を受けていた。

使節団はカイロを出発後、スエズ経由で紅海に面したジェッダに上陸した。その後、一行は一一〇〇キロの陸路を五日間かけて自動車で走破し、アラビア半島の中央にある首都リヤドに到着した。この使節団の行動はカイロを出発する時点から米国側に監視されていた。横山公使はリヤドでアブドルアジス国王に拝謁した後、引き続きユーセフ・ヤシン秘書長と石油利権の取得について交渉を行った。しかし、「日本は領土的野心を持っている」とのサウジアラビア側への米国の吹き込み工作もあり、交渉は進展しなかった。横山公使は成果が得られないまま、リヤド滞在わずか一週間でカイロへ帰任した。

当時のアラブでは、石油の交渉には政治的人脈を使い、資金援助の可能性や、開発計画を提示するなどの複雑なプロセスが必要であったが、日本側にそのような経験はなかった。米国は国王の近くに石油顧問を送り込むなど、緊密な関係と経験を持っていた。人脈も蓄積もない日本の外交使節団が、突然、訪問しても入り込む余地はなかったのである。

横山使節団のサウジアラビア訪問から一八年後の一九五七年、民間実業家の山下太郎氏がサウジアラビアからクウェートとの間にある中立地帯沖合の石油利権を獲得した。翌年、クウェート政府とも契約に調印して日本企業によるアラブで最初の石油探鉱が始まった。一九六〇年、新会社「アラビア石油」は試掘一号井でカフジ油田を発見し、生産を開始した。同社のサウジアラビア政府との利権契約は二〇〇〇年に終了したが、四〇年間に及ぶサウジアラビアでの操業は、日本と同国との経済協力の柱にもなっていた。

†石油大国への道

第二次世界大戦の終了とともに、サウジアラビアで本格的な石油の開発が始まった。大戦終了年の一九四五年にわずか日産六万バレルであった原油の生産量は、一九五五年一〇〇万バレル、一九八一年一〇〇〇万バレルと急激に伸びて、二〇〇九年現在では一〇八五万バレルの世界最大の産油国となっている。

一九七〇年代に始まった石油資源の国有化の動きに従って、サウジアラビアは、カソックから改名していた「アラムコ」を一九八〇年に国有化した。サウジアラビアは新会社「サウジ・アラムコ」を設立してアラムコの資産を引き継いだ。このためアラムコの株主であった米国系メジャー（シェブロン、テキサコ、エクソン、モービル）の地位は、技術と運営を支援するサービスの提供会社となった。現在、国内の全ての石油権益はサウジ・アラムコ及びその子会社によって保有されている。

一九八〇年以降、サウジアラビアはOPECのリーダーとして、また、スイング・プロデューサー（生産量の調整国）としての役割を果たした。その背景には、第二次石油危機による原油価格の上昇とその反動としての下落があった。サウジアラビアは自国の生産量を削減することによって価格を維持する機能を果たした。このため、一九八一年に日産一〇〇〇万バレルを超える水準にあった生産量は、一九八五年には三分の一に減少してしまった。石油収入に依存していた経常収支は赤字に転落する。サウジアラビアはその後も増大する経常赤字に耐えることができず、ついに「生産量の増大」へと石油戦略を転換させた。原油の生産量は二〇〇三年以降、一〇〇〇万バレル台を維持している。

サウジアラビアには石油法がない。同国の石油とガスの政策は二〇〇〇年に設けられた石油・鉱物問題最高評議会で決定される。この評議会の議長は国王であり、現在の議長は二〇〇五年に就任したアブドッラー国王である。石油戦略には「原油の安定供給とエネルギー市場の安定」が第一に掲げられており、このため生産能力の増強が進められている。具体的には現在の生産能力、日産一一〇〇万バレルを二〇〇九年に一二五〇万バレルに引き上げ、さらに、需要が見込めれば一五〇〇万バレルまで増強する計画である。

当面の増産対象は東部のハラッドー3油田、AFK油田群、シャイバ油田、クライス油田、ヌアイイム油田である。その後の対象は東部海岸の沖合にあるマニーファ重質油田が予定されている。

今まで、サウジアラビアから輸出される原油は、ガソリンなどの製品を生産しやすい軽質と中質油がほとんどであった。しかし、今後は重質油の生産が中心となる見込みで、輸入国の重質油への精製設備が問題になってくる。この対応策としてサウジアラビア国内での精製が計画されており、東海岸のジュベールと西海岸のヤンブーに新設する製油所には、重質油の処理設備が建設される予定である。重質油を国内で精製することによって石油精製の産業を立ち上げるのが目的である。

サウジアラビアの供給国としての役割は大きく、その生産量が失われた場合には世界の石油需給のバランスに大きな影響を与える。世界の原油の余剰生産能力からしてサウジアラビアの供給量を埋めることはできない。ここで重要になってくるのが、サウジアラビアの安定性である。

†王制維持が最重要事項

サウジアラビアの最大の問題は王族が支配する絶対君主制の王国がいつまで続くかである。二〇〇五年に即位したアブドッラー現国王は、初代のアブドルアジス国王（一九三二年に建国）から六代目に当たる。国王が閣僚会議を主催し、重要なポストは王族が占めている。初代の国王には二六人の妃がいたと言われ、三六人の王子と二七人の王女、計六三人の子供が生まれた。第二代の国王には次男のサウドが就任した。現国王は初代国王の十男である。第二代以降は第二世代が兄弟順に歴代王位を継承してきた。王位の継承権は男児のみが保有している。王族は、現在、第六世代まで誕生しており合計一六〇〇人程度、そのうち、王子は八〇〇人程度と推測されている。

王族の中では現国王を輩出しているアブドッラー家、現皇太子のスルタン家、第三代の国王を出したファイサル家、前国王のファハド家が四大家系である。現アブドッラー国王は一九二三年生まれの八六歳で、そう遠くない将来に次の国王の選定が問題になるだろう。スルタン現皇太子は、第二世代のうち王位に最も近い位置にいる。しかし、サウジアラビアでは皇太子が必ずしも王位の継承者に決まっているわけではない。国王が死去した場合、皇太子は国王の権力を暫定的に引き継ぐに過ぎない。王位に就くには「忠誠の誓い」が必要である。一九九二年に制定された国家基本法では「国王は初代アブドルアジスの直系男子による世襲」と規定されている。

さらに、「年長者優位の原則」「高潔で良きイスラム教徒」「外国人の子息ではない」「公的な役職の経験」「コンセンサス能力としての人望」などの要素が総合的に考慮され、衆議一致の形で国王が決定される。しかし、スルタン皇太子もすでに八〇歳で、今後、次の第七代の国王に選任されても、年齢的に第八代の国王の選定が間近に控えている。第二世代の最後の王族からの選定となるか、すでに六〇代になっている第三世代の登場になるかどうかが注目されている。今後、王位の継承を巡って内部的な混乱が発生する可能性は低く、現時点では国王の選定の各要素を基本にした合議で国王が選出されるシステムがまだ機能し続けると思われる。

近年、国内では人口構造の変化と若者の就業が大きな問題になっている。サウジアラビアの人口は二四〇〇万人で、このうち、外国人が六〇〇万人と四分の一を占め、年齢構成では五割程度が二四歳未満の若年層で占められている。問題はこの若年層の失業率が三割と異常に高いことである。政府はこの年代の教育と職業訓練に力を入れ、国の年間予算のうち四分の一を投じている。

二〇〇九年、ジェッダ北方の紅海に面した街ツワルにサウジアラビアで最初の共学校、アブドラ王立科学技術大学が開校した。この学校は世界で最速級のスーパーコンピューターも揃えた大学院大学で、世界中から優秀な教授陣が集められている。この国では潤沢な石油収入によって教育費と医療費は無料、二〇〇六年以降は住居費も支給されている。職業訓練学校では生徒へ補助金も支払われ、手厚い制度が若年層を保護している。しかし、恵まれた環境にあるため、若者は公務員のような安定した社会的地位のある職業以外には就職を希望しない傾向が強く、職業訓練学校を出ても半分近い学生は就職していないのが現状である。「労働は外国からの出稼ぎ労働者が行うもの」との考えが若者の間で広まっている。一〇年、二〇年先に彼らがこの国の中堅になった時、石油に依存した非勤労社会ができ上がるのではないかと政府は懸念している。

†大きなカルチャーショックを与えた湾岸戦争

サウジアラビアは厳格な復古主義、ワッハーブ主義のイスラム教を国教としている。湾岸戦争は、このイスラム教を遵守して宗教警察によって教義を維持している宗教と政治が一体化した社会に、大きな衝撃を与えた。

湾岸戦争はサウジアラビアの国内に五五万人の多国籍軍を駐留させることになった。メッカやメディナの二大聖地を持つサウジアラビアに異教徒の軍隊が駐屯することは大きな反発を生み、半袖と半ズボン姿の女性兵士が闊歩する姿はサウジアラビアの人々に大きな戸惑いと強い違和感を与えた。しかし、クウェートとの国境に集結して、一部はサウジアラビアの東岸にある油田地帯に侵攻していたイラクの機甲化兵団を防ぐためには、多国籍軍の駐屯が絶対に必要であった。

サウジアラビアの兵力は一二万人、年間の軍事費は二五〇億ドル、軍事費の対GDP比率は世界第一位の一〇%であったが、それでも、当時、湾岸最大の軍事力を持つイラク軍の侵攻を阻止する力はなかった。大量の異教徒軍団の駐留は、サウジアラビアの中に徐々にではあるが反発と反動の核を形成していった。

イスラム原理主義に基づくオサマ・ビンラディンを中心とするテログループ「アルカイーダ」は、この多国籍軍の駐留に大きな影響を受けた。二〇〇一年に起こった九・一一事件でテロの実行犯一九人のうち一五人がサウジアラビア人であったことは、イスラム原理主義の標的が完全に米国に向けられたことを示していた。

この事件の死者は合計で約三〇〇〇人にのぼり、米国の本土、世界の政治と経済の中心地であるワシントンとニューヨークへの旅客機による自爆攻撃は、それまで良好であった米国とサウジアラビアの関係を急速に冷却化させた。

微妙にズレを生じ始めた両国の関係に対応して、サウジアラビアもそれまでの対米依存の関係を徐々に変え始めた。二〇〇五年、サウジアラビアは申請以来一二年越しで世界貿易機構（WTO）に加盟した。

二〇〇六年、アブドッラー現国王は即位後、最初の外遊先として中国を訪問した。国王の中国訪問は一九九〇年に国交を樹立して以来、初めてのことであった。国王の訪問中、両国の間でエネルギー関係の強化が話し合われ、石油とガスの包括的な協力協定が締結された。

二〇〇七年、ロシアのプーチン大統領がロシアの大統領として初めてサウジアラビアを訪問した。同大統領はアブドッラー国王、スルタン皇太子とイラク問題、二国間の協力について話し合った。これらの外交関係を見ると、サウジアラビアは米国との関係が冷却化する中で、中国、ロシアと関係の強化を図り、次の時代への国際バランスを図る道を模索していることが窺える。

第３章

ロシアの野望

1 エネルギー資源の再国有化とプーチンの野望

†プーチン大統領の登場

一九八〇年代、ソ連は世界最大の産油国となり、その生産量は最大日産一二五〇万バレルに達していた。しかし、一九八九年末に起こった連邦の崩壊と経済的な混乱の中で生産量は半分の水準まで下落していた。エリツィン大統領の時代、主要なエネルギー産業は民営化されていった。

一九九八年、ロシアをルーブル金融危機が襲った。石油会社は資金不足に陥り、油田のメンテナンスは十分に行えず、設備は老朽化して生産量は落ち込み、原油の輸出と収入は減少するという悪循環が生じた。さらに当時、国際市場では原油の価格が下落して二〇年来の最低値を示していた。この複層パンチがロシアの経済を直撃したため政府の財政は実質的な破産状態になった。

資金の不足に直面していた石油会社は株式の公開過程で、「オリガルヒ」と呼ばれる新興財閥に乗っ取られていった。この国家資産の私物化の進行は多くの国民の反感を買った。ロシアが市場経済を導入した時、各省庁の傘下にあった国営会社や特定の銀行が、政府の優遇処置を利用してメディア、銀行、資源などの会社を合体して企業集団化した。オリガルヒとはこれらの新興財閥化した企業集団や、その経営者のことである。

二〇〇八年、ロシアの大統領に当時四二歳のドミトリー・メドベージェフが就任した。その前任のウラジーミル・プーチン大統領（現首相）の在位八年間は、経済の回復と上昇が大統領の地位と権力を強化し続けた幸運の時であった。その原動力は石油と天然ガスである。プーチン大統領が就任とともに打ち出した政策は、「強いロシア」であった。彼はエリツィン政権に深く食い込んで国家の資産を私物化していたオリガルヒに対して、慎重で周到な攻撃の準備を行った。これには彼の経歴と経験と人脈が役立った。

プーチン大統領は大統領府の総務局次長をしていた際に、海外資産の管理を担当した経験があった。そして、資源の戦略的な使用に強い関心と豊富な知識を持っていた。彼はレニングラード（現サンクトペテルブルグ）大学を卒業したあと、国家保安委員会（KGB）に入り、ソ連邦が解体される前には東ドイツに駐在して諜報業務に従事していた。このKGB時代の仲間がプーチン大統領を支える一つの集団になっている。このグループは「シロビキ」（強硬派）と呼ばれ、ビクトル・イワノフ麻薬取締庁長官、イーゴリ・セーチン副首相（ロスネフチ会長）、セルゲイ・イワノフ副首相、セルゲイ・ステパーシン会計検査院長などを輩出する。

もう一つの人材供給グループとしてプーチン大統領のレニングラード時代のネットワークがある。プーチン大統領はKGBを退職したあとペテルブルグ市の対外関係委員会議長、第一副市長などを歴任して力を蓄えた。この時代の人材がメドベージェフ現大統領（前ガスプロム会長）、アレクセイ・クドリン副首相兼財務相、ドミトリー・コザク副首相などの法律・経済テクノクラート（サンクト派）である。

†オリガルヒの粉砕——ユーコスの解体と吸収

当時、「わずか七人のオリガルヒがロシア全体の富の半分を支配している」と言われていた。このうち、六人がユダヤ系であった。プーチン大統領とオリガルヒとの戦いの中で最大の山は、二〇〇三年後半からの石油会社「ユーコス」の解体と吸収であった。ユーコスは原油の生産量が国内第二位、社長はオリガルヒを代表するミハイル・ホドルコフスキーであった。

プーチン大統領は就任の直後、オリガルヒを集めて「政治に介入しない限り民営化の過程は不問にする」と宣言したが、エリツィン時代に政権に深く食い込んでいた彼らはこの忠告を受け流した。ホドルコフスキーは二〇〇三年末の下院選挙に向けて傘下のテレビ局を動員し、野党を支援した。彼はテレビ番組でプーチン大統領への批判を続けながら自らも翌年の大統領選へ出馬することを明らかにした。

しかし二〇〇三年一〇月、ホドルコフスキーは立ち寄った西シベリアの飛行場で内務省の特殊部隊に逮捕される。罪名は詐欺、脱税、公金使用、公文書偽造、他人の財産盗用など諸々であった。この逮捕の前にホドルコフスキーは、ユーコスと、原油の生産量が国内第六位の「シブネフチ」との合併を計画していた。この新会社は保有の埋蔵量で世界第一位、生産量は世界第四位の石油会社になる見込みであった。彼は新会社の株式を公開して米国のエクソン・モービル、シェブロン・テキサコへ売却する交渉を秘密裏に行っていた。これは新会社の株式を公開して政府が会社の経営に干渉することを防ぐことと、株式の売却によって利益を得ることが目的であった。

この後、ユーコスは解体されて資産は政府系の石油会社に吸収された。シブネフチは政府系のガス会社ガスプロムに合併された。ホドルコフスキーは、シベリアのチタにある監獄へ禁固八年の刑で送られた。その他のオリガルヒは、亡命や海外移住や服従のいずれかの道を選択した。二〇〇三年末の段階で、プーチン大統領はオリガルヒの手に渡っていた石油とガス会社の再国有化をほぼ達成した。原油の探鉱・開発と生産はロスネフチ、ガスの生産と輸送はガスプロム、原油の輸送はトランスネフチへと集約された。これらの企業はその後、プーチン政権を支える主柱となっていく。

†ロシア経済を激変させた石油収入

ここで、石油がプーチン大統領に味方した。二〇年来の最低値を示していた原油の価格が上昇を始めた。この価格の高騰がロシア経済を一変させたのである。

価格の上昇は当然のことながら石油の収入を増加させ、油田設備のメンテナンスや設備の新設にも資金が流れるようになり、このことが生産量を増加させるとの拡大再生産のサイクルを生じさせた。価格の上昇前には日産六〇〇万バレル台であった生産量は二〇〇八年には九九〇万バレルに、輸出量は日量八二〇万バレルに回復して、輸出額は三〇〇〇億ドルにもなった。ガスの輸出量は年間五兆三〇〇億立方メートル、輸出額は四〇〇億ドルになった。原油とガスの輸出額は合計で年間三四〇〇億ドルにもなり、ロシアの全輸出総額の六割を占めた。このエネルギーの輸出収入が、ロシア経済をバブルに近い状況に変えたのである。国内総生産（GDP）は、価格が上昇し始めた二〇〇三年以降、七％以上と順調に伸び続けた。

プーチン大統領は原油とガスの収入による経済変化を見逃さなかった。ロシアは二〇〇四年に「ロシア安定化基金」を設立する。この基金は、価格の下落に備えて財政赤字を補塡するのが目的であった。基金の原資は原油が基準価格を超えた時に課税される生産税と輸出税で、財務省が管理する。石油とガス資源の再国有化と安定化基金の創設は、民営化をオリガルヒによる国家資産の収奪と感じていた国民の不公平感と不満を解消することになった。

ソ連邦が崩壊して以来、ロシアでは経済的な混乱により失業率が増加し、インフレの上昇によって労働者と年金生活者の生活は困窮していた。経済の回復と資源の再国有化は国民のプーチン大統領への支持率を決定的に高めることになった。二〇〇四年に行われた選挙で、プーチン大統領は七割以上の圧倒的な得票率によって再選された。

二〇〇五年にロシアは国際通貨基金（IMF）へ三三億ドルの債務を返済した。翌年には主要債権国会議（パリ・クラブ）へ二二五億ドルの債務も完済した。金融破綻をしたロシア経済がわずか八年で蘇ったのである。二〇〇八年に安定化基金は「予備基金」と「国民福祉基金」とに分けられた。これらの基金の積立額は、二〇〇九年二月をピークに、二〇〇九年六月現在で合計一九〇〇億ドルとなっている。

財務省はこれらの基金を外国政府の国債の購入や国際金融機関への委託によって効率的に運用している。今後は輸出用のガスへも課税し、基金額は積み上げられる方針である。

この基金は新たなロシア資金「プーチンの埋蔵金」として世界を巡ることになる。価格の高騰は経済の再建と権力の構築を図ったプーチン大統領の八年間を支え、さらに、その基盤を強化して財政的な余裕まで与えることになった。

2　サハリンの石油とガス

†サハリンⅡの権益接収

北海道の宗谷岬から、わずか幅四二キロの宗谷海峡を渡るとサハリンである。サハリンは太平洋戦争の終了まで樺太と呼ばれ、南半分は日本の領土であった。この島の最南部コルサコフで、ロシアで最初の液化天然ガス（LNG）施設が稼働している。このプロジェクトはサハリンⅡと呼ばれ、ロシア政府とサハリン・エナジーとの間で結ばれた生産物分与契約に基づいている。サハリンⅡの原油とガスを産出しているのは、サハリン北東部のオホーツク海大陸棚にあるルニとピルトン・アストフ構造である。構造とは地層内にある原油とガスを埋蔵している部分で一般的には油田やガス田と言われる。その可採埋蔵量の合計は原油一一億バレル、天然ガス一八兆立方フィート（石油換算で三〇億バレル）と巨大である。

一九九九年に、まず、この構造から原油の生産が始まった。生産量は日産七万バレル、氷結期を避けて夏期のみの生産であった。冬期には生産プラットホームの周辺は海面が凍り、原油を運ぶタンカーが使用できないためであった。二〇〇八年末に油田から積出港であるコルサコフまでサハリンを縦断する原油パイプラインが完成すると、通年の生産に移行した。生産量は日産一五万バレルに倍増した。

計画ではLNGの生産開始は二〇〇八年夏に予定されていた。しかし、ガスプロムのプロジェクトへの参入問題が発生したため、全体の工程が遅れて生産開始は二〇〇九年三月まで延期されることとなった。

サハリンⅡのプロジェクトを運営するサハリン・エナジーには、当初、メジャーのシェルがオペレーターとして、日本の三井物産と三菱商事がノンオペレーターとして参加していた。通常、石油とガスの開発はリスク分散のため複数の会社が参加して行われる。実際に開発作業を計画して実施する会社をオペレーター（操業者）、それ以外の当事者はノンオペレーター（出資者）と呼ばれる。オペレーターは作業の計画案や予算案の作成、探鉱と開発に関係する全ての作業を行い、その運営について責任を持つ。このプロジェクトからのLNGの生産量は年間九六〇万トン、石油換算では日産二三万バレルに相当する。LNGの主な購入先は日本の東京電力、九州電力、東北電力、東京ガス、東邦ガス、米国のセンプラ、韓国のコガスである。

二〇〇六年も残り少なくなった一二月二一日、サハリン・エナジーの参加会社であるロイヤル・ダッチ・シェル、三井物産、三菱商事の各社代表はモスクワのクレムリン宮殿に呼び出された。そして、プーチン大統領からプロジェクトの権益五〇%+一株を、ロシアの国営ガス会社ガスプロムへ売却するよう要請された。三社にとって株式の過半数を売却することはプロジェクトの経営権を譲渡することを意味していた。しかし、大統領からの直接の要請を拒否することはできなかった。そして、サハリンⅡの権益比率はシェル(五五%)、三井物産(二五%)、三菱商事(二〇%)だったものが、このガスプロムの参入によって、ガスプロム(五〇%+一株)、シェル(二七・五%)、三井物産(一二・五%)、三菱商事(一〇%)と変更させられた。

このあと、プーチン大統領は、「投資家と環境関連の省庁との問題が解決したことを評価する。環境問題は天然資源省とも基本的に解決済みで、投資家の真剣で、柔軟、かつ、実務的な対応に満足する」との声明を発表した。これに対して、シェルのJ・V・D・ベール最高経営責任者(CEO)は、三社を代表して「サハリンⅡの投資家はガスプロムの参入を歓迎する。これで、サハリンⅡに関わる経済、環境を含む全ての問題が解決した。ガスプロムの参加と産業エネルギー省、大統領の支援によって安定したプロジェクトの開発が可能になる」と発言した。

すでに二〇〇億ドルの資金が投入されていた巨大プロジェクトの経営権が、ロシアの手に落ちた瞬間であった。この日、クレムリンの公式サイトには外資系三社の代表とプーチン大統領がテーブルを挟んで会談している写真が掲載されたが、三社の代表の表情は硬く、この問題の深刻さを示していた。

†ロシアの強制参入はコスト上昇が誘因？

このガスプロムのサハリンⅡへの強要的とも言える参入は、国際社会から、ロシアの既存契約の破棄、権益の実質的な国有化、接収であるとの非難を受けたが、その実態はどうであったのか。

もともとガスプロムは、ロシアで初のLNGプロジェクトとなるサハリンⅡへの参入を強く望んでいた。また、参入に先立って、二〇〇五年、ガスプロムとシェルとの間で、サハリンⅡのシェルが保有する五五％の権益のうち二五％と、ガスプロムが保有する西シベリアのザポリヤルノエ油・ガス田の権益五〇％とを交換することが合意されていた。

ザポリヤルノエ油・ガス田の交換対象の埋蔵量は、ガス二六兆立方フィート（石油換算で四三億バレル相当）に加えて、コンデンセート（地下で気体である炭化水素が地上で採取する際に凝縮する原油で、超軽質油）一〇億バレルと原油一〇億バレルであった。この量はサハリンⅡのシェルが交換対象とした埋蔵量と比較すると約三倍であった。ガスプロムにとっては最新鋭LNGの技術と操業ノウハウの取得につながり、シェルはこの数年来、株主から批判を受けていた保有埋蔵量の減少問題を解決する手段として、お互いの利益となる取引であった。

この権益交換の合意からわずか一週間後、サハリン・エナジーは、「プロジェクトのコストが当初の見込みである一〇〇億ドルから二〇〇億ドルへと倍増する」と発表した。これに対して、ロシアは敏感に、かつ迅速に反応した。ロシアは、「サハリンⅡの契約は一九九〇年代のロシア経済が破綻していた時期に締結されたもので、必ずしも現在の状況に適合したものではない」との見解を示しつつ、「締結済みの契約は尊重する」との声明を出した。

サハリン・エナジーはコストが上昇する理由として、①生産プラットホームから陸上へのパイプラインがクジラの生息地を迂回することになったこと、②原油の価格の上昇を受けて資機材が高騰したこと、③ユーロ高によって下請けの欧州企業への支払額が増額したことなどを挙げた。コストが上昇した最大の要因は、価格の上昇によるインフレと資機材の高騰であった。この資機材費の増額は、サハリンⅡだけでなく世界各地で進行中の多くの石油開発プロジェクトを直撃していた。

このコストの倍増問題でロシアが態度を硬化させたのは、契約ではコストが上昇すると生産の開始後、原油とガスの大部分は投下コストの回収分として充当されてしまい、コストの回収が終わるまで利益の配当が遅れるためである。

また、埋蔵量が一定の場合、コストが増大すると、その回収に生産量が回されて利益は減少する。このことが、過去、外資が参入した実績が少なく、コストを負担した参入者と生産物を分けるという契約に慣れないロシア側の態度を硬化させた。開発の期間が長い石油とガスのプロジェクトでは、その期間中に国際的な経済の変動を受けやすい。また、参入した会社はロシアの国産品でなく世界中から資機材を調達するため、インフレが起こればコストも上昇するのは当然である。これらの認識がロシア側になかった。統一的な社会主義経済の中で、主に国産の資機材と技術を使用して石油の開発を行ってきたロシアにとって、コストが倍増するとは信じられないことであった。

サハリン・エナジーのコストは、契約に従って毎年、政府の契約審査機関（ASB）に承認されたものだけが回収の対象になっていた。ロシア側は「コストの上昇と合わない」、

「不必要なコスト」と判断して、合理的な説明が行われなかった時は回収の対象から除去することができた。もちろん、そのため生産性や埋蔵量の回収率に影響が出る場合もある。それでも、サハリン・エナジー側がプロジェクト全体の経済性を考えてその資機材の使用を希望する時は、そのコストは参入している会社の負担になるだけである。したがって、コストの増額を理由に急遽、ガスプロムの参入を強要することは、契約上からは筋が通らない話であった。

†参入の手段とされた環境問題

さらに、二〇〇六年七月に実施された環境監査によって、パイプラインの敷設現場での土砂崩れ、森林の伐採、河川の汚染などの環境破壊が指摘された。サハリンⅡの立場はより複雑になった。環境問題は天然資源省が主管である。この年の八月、同省の自然利用分野監督局は監査の結果として「環境が大きく破壊されている」と発表した。この勧告を受けて、サハリン・エナジーはサハリン南部東岸のマカロフ地域でのパイプライン工事を中止した。

九月に入ると、天然資源省はモスクワの裁判所に、同省が認可していたプロジェクトの実施許可の省令を取り消す訴訟を起こした。しかし、この提訴は却下された。

九月下旬、天然資源省のミトボリ自然利用分野監督局副局長が現地を訪問した。同副局長は、同行したマスコミ関係者をパイプラインの建設現場や土砂崩れの現場へ案内して、TVカメラの前で「環境の保全を遂行する」との声明を行うなど派手なパフォーマンスを行った。この時、同副局長は「サハリンⅡは不法な森林伐採をしている」、また、「契約に定めるストックホルム仲裁裁判所への提訴と環境破壊の制裁金として一〇〇億ドルの請求を検討中である」と述べた。さらに、最高検察庁へ「パイプラインの工事会社が環境破壊を行った」との資料を提出したため、一躍、内外のマスコミの注目を浴びることになった。

一〇月中旬、ロシア内務省は、突然、天然資源省自然利用分野監督局への立入捜査を行って開発許可の関連書類を押収した。これは内務省が天然資源省へ「行動を制御すべし」との強い警告の信号を発したものと理解された。これ以後、自然利用分野監督局の活動は一気にトーンダウンする。この一連の動きから、ロシアの各省庁はお互いの綿密な連絡の上に統一的な行動をしているのではなく、政治的な意図を持った個別の幹部に指導されて動いていると推測される。

この環境破壊問題については、サハリンⅡへのガスプロムの参入と過半数の権益取得が合意された段階で、プーチン大統領から「環境問題については最良な解決がなされる見込みである。問題は解決した」との声明が出された。それ以降、この問題が再燃することはなかった。この経緯は「環境問題が、既存契約の改定とロシアの企業が権益を取得するのに利用された」との印象を内外に強く与え、ロシアのカントリーリスクと問題の処理の不透明感を残すことになった。

では、このような資源国の、プロジェクトへの参入の要請を拒むことができるのであろうか。過去の例では資源国の要求がそのまま通っている。通常、資源の所有権はその国の政府にある。このプロジェクトの基本となっている生産物分与契約では、参入した海外の石油やガス会社は、許可された探鉱と開発作業を契約で決められた期間、請け負う立場に過ぎない。

もちろん、参入の要請に対して、それを拒否して国際調停裁判を受ける権利が契約に記載されている。しかし、その紛争の期間中、開発の作業は停止し、作業員は待機状態となり生産の開始時期が遅れるだけである。また、海外の石油会社やガス会社が調停裁判に勝利したとしても、その後にパイプライン施設や生産施設の建設、生産物の輸出などの許可申請と環境対策などの複雑で多岐にわたる政府への手続きが待っている。これらの手続きが円滑に行われる保証はない。資源国の立場は強いのである。

二〇〇七年四月、サハリン・エナジーはガスプロムへの権益譲渡の手続きが完全に終了したと発表した。プーチン大統領が自ら乗り出したサハリンIIの権益問題はこれで決着となり、ロシアはプロジェクトの経営権を掌握した。

ロシア初のＬＮＧ積み出し

ガスプロムの参入問題から一年一〇カ月が過ぎた二〇〇九年二月、サハリン南部のプリゴロドノエでサハリンⅡの完工式が行われた。式典にはロシアのメドベージェフ大統領、日本の麻生首相、サハリン・エナジーの参加各社の代表が出席して盛大に開催された。メドベージェフ大統領は席上、「この事業は天然資源の世界的な供給者としてのロシアの地位を強化する」と挨拶をした。大統領はかつて世界最大のガス会社ガスプロム会長を務めたことがある。今回の完工式への出席はロシアのエネルギー戦略の前進と成功を世界に示すことにあった。

ロシアは一九七〇年代から天然ガスをパイプラインで欧州へ輸出していたが、この日以降、ガスを原油と同様にタンカーで輸出することになった。ＬＮＧの輸出量は年間九六〇万トン、このうちの六割は日本向け、残りの四割は韓国と北米へ輸出される。日本のＬＮＧの輸入量は年間六二〇〇万トン、石油換算で日量一五〇万バレル相当となる。サハリンⅡの日本向け輸出量は日本のＬＮＧ輸入量の一割弱に相当する。

二〇〇九年四月、東京電力、東京ガス向けのＬＮＧ初出荷分六・七万トンを積んだ第一船が東京湾の袖ヶ浦基地に到着した。

†戦後三〇年目のサハリン開発

一九七五年、サハリン大陸棚の石油を開発するプロジェクトへ資金を融資する契約が、ソ連外国貿易銀行と「サハリン石油開発協力」との間で締結された。このプロジェクトは日本が資金を融資してソ連が作業を行い、原油が生産された場合には、日本は融資金の元利の返済を受け、生産された原油を割引価格で引き取るとの内容で、融資買油契約と言われる。日本側の融資の限度額は三億ドルであった。

このプロジェクトはサハリンⅠと呼ばれる。作業は一九七六年に開始され、サハリンの北東部沖合でチャイオとオドプト構造が発見された。

ソ連邦の解体によるロシアの経済事情も加わり、プロジェクトは一九九五年に生産物分与契約へと事業形態が切り換えられた。このプロジェクトに新たに参入したエクソンがオペレーターとなって作業を行うことになった。プロジェクトにはエクソン（三〇％）の他に、日本のサハリンⅠの権益を引き継ぎ株主構成が変わったサハリン石油ガス開発（SODECO、三〇％）、インド国営石油（ONGC、二〇％）、ロシアのロスネフチ（二〇％）が参加した。

エクソンはこのプロジェクトに三次元の地震探鉱と解析の最新技術を投入した。それまでの作業では、地下にあるお椀を逆さにした形の背斜構造の頂点部に坑井を掘削してきたが、油層に突き当たらなかった。この最新技術によって、油層は背斜構造の周辺部をドーナツ形に取り巻いていることが確認された。変則的な油層の構造であることがわかり、埋蔵量が確認され、経済性の問題がこれで解決された。

海岸から沖合一〇キロにある地下の油層へは大偏距掘削の技術が投入された。大偏距掘削とは、傾斜掘と水平掘とを組み合わせ陸上の掘削基地から遠距離にある油層に向かって坑井を掘る技術を言う。この技術によって、冬期に海面が凍結する沖合の油田でも通年の作業が可能になった。

このプロジェクトで陸上から沖合の油層へ掘られた大偏距井は、総延長が一万一六八〇メートルと世界最長の記録となった。この坑井は掘削基地を東京駅とした場合、中央線西郊一一キロにある杉並区近辺、地下二六〇〇メートルにある幅わずか数十メートルの油層

サハリンⅠプロジェクト　大偏距掘削井

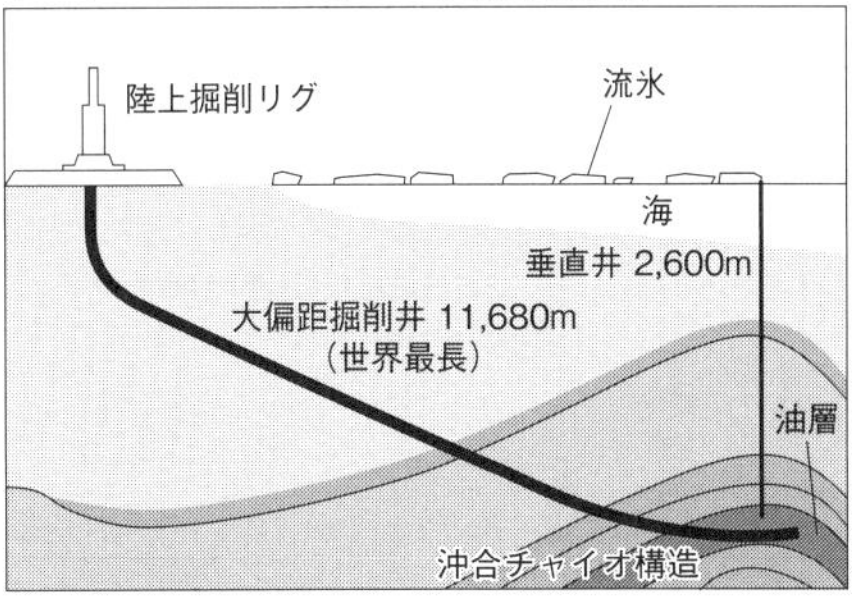

（出典）著者作成

に向かって掘ることになる。

最新鋭のノウハウと技術が投入された効果は大きく、サハリンⅠは二〇〇五年から日産五万バレルの原油生産を開始した。翌年には、間宮海峡の対岸、シベリア側のデカストリに原油の積出基地が完成して輸出が始まった。生産量は、二〇〇七年初めにはピークの日産二五万バレルであったが、二〇一〇年初頭には日産一五万バレルとなっている。

サハリンの原油生産量はサハリンⅠとⅡを合わせて三〇万バレル、ガス(LNG)は石油換算量二三万バレルである。間宮林蔵の探検から二〇〇年、サハリンは日本に最も近い石油とガスの供給地に変貌した。

†表面化してきたロシアのガス戦略とリスク

サハリンⅠは、今後、ガスの開発が計画されている。コンソーシアムは生産したガスをパイプラインで中国へ輸出することを計画しているが、ロシア側はガスの国内供給を求めているため、供給先はまだ決着がついていない。ここでもサハリンⅡの参入問題で表面化したロシアのカントリーリスクとロシアのエネルギー戦略が見られる。

二〇〇七年、ロシアは「東方ガスプログラム」、正式名称「中国他アジア太平洋諸国へのガス輸出を考慮した東シベリア・極東における統一ガス生産・輸送・供給システム構築プログラム」を策定した。このプログラムでは、様々なロシア国内のガスの需要と供給のケースが想定されている。ロシアが、東シベリアとウラジオストックを中心とする極東地域の開発に必要な外貨を獲得するために輸出するガスの量は、二〇二〇年には年間一五〇〇億立方メートル、石油換算では日量二四〇万バレルになる。そして、これらのガスの四割はサハリンから供給されることを想定している。

二〇〇八年のロシア全体のガス生産量は六六〇〇億立方メートルであった。サハリンⅠのガス埋蔵量は五〇〇〇億立方メートルであるから、プログラムが必要とするガス量の三年分強にしか過ぎない。つまりロシアは、今後、サハリンⅠで生産されるガスと、サハリンⅢなどの新規のプロジェクトで発見されるガスの全てを投入しないとプログラムが達成できないことになる。

ロシアは国内のガス輸送を全てガスプロムが行うことを法律で規定した。サハリンⅠとサハリンⅡは契約で生産物の輸出が認められている。しかし、国内のパイプライン施設の建設と輸出に関しては政府の許可が必要である。現在、ガスプロムは、国内のガス生産会社から一〇〇〇立方メートル当たり六〇ドル程度でガスを購入し、これを三八〇ドルの国際価格で輸出している。国内にパイプライン網を持たないガス生産会社は、ガスプロムにガスを売却しない限り販売収入を得ることができないため、安値の販売価格に甘んじている。

ロシアは、二〇一二年にウラジオストックで開催されるアジア太平洋経済協力会議（APEC）に合わせて同地域へガスを供給するよう、サハリンIに要請している。問題は、東方ガスプログラムの必要とする大量のガスがいつ求められるかである。また、サハリンIのガスが中国へ送られるとしても、ガスプロムを経由して輸出されるとなれば当然のことながらガス価格は国内のガス会社と同様に低く抑えられ、経済性は悪化する。

†液化天然ガス（LNG）を戦略の中心へ

二〇〇九年、ロシアはウラジオストックLNGの計画（二〇二〇年に年産一七〇〇万トン）を発表した。サハリンI、サハリンIII、サハ共和国のチャヤンダ・ガス田のガスをガスプロムが購入してハバロフスクまでパイプラインで送り、そこで液化して日本や韓国や米国へ輸出する計画である。ガスプロムはサハリンIのガスと、サハリンII開発で取得したLNG技術とノウハウを使用して「ガスプロムLNG」を立ち上げる計画をここで明確にした。この構想により、サハリンIIと、バルト海でフランスのトタールと共同で開発する「ストックマンLNG」、そして新計画の「ウラジオストックLNG」という三つの巨大LNG基地がロシアに出現することになる。ロシアは「ウラジオストックLNGについて、日本の国際協力銀行の融資を希望する」との声明を出している。

ガスの唯一の欠点は気体であるがための輸送問題であった。ガスの生産国にとって、輸送のためのパイプラインはその通過国との紛争の歴史でもあった。しかし、LNGとして液化することによって原油と同じようにタンカーで自由に輸出できるようになり、戦略的エネルギーとしての地位を高めた。ロシアはエネルギー戦略の中心にこのLNGを据えようとしている。

サハリンの沖合には、サハリンⅠとサハリンⅡの他にサハリンⅨまでの鉱区が設定されている。これらのうち、具体的に鉱区へ参入する会社が決まり計画が実行段階にあるのは、サハリンⅢからサハリンⅥまでの四プロジェクトである。これらのプロジェクトの可採埋蔵量の合計は原油七五億バレル、ガス一兆三三〇〇億立方メートル（石油換算七八億バレル）と推定されている。サハリンⅠとサハリンⅡの可採埋蔵量を合計すると、サハリン全体では原油一一〇億バレル、ガス二兆二七〇〇億立方メートル（石油換算一三三億バレル）の大埋蔵量となる。現時点で参入を表明している企業はガスプロムとロスネフチの国内勢に加えて、米国のエクソン、英国のＢＰ、中国のシノペックなどである。

3　ロシアとウクライナの「ガス戦争」

†ロシアから欧州へ流れるガス

二〇〇九年の元旦、ロシアはウクライナ向けのガスの供給を停止した。この停止はウクライナ向けだけを目的にしたものであったが、ウクライナが欧州向けのガス分から自国分を抜き取ったため、欧州向けの供給量が減少した。この減少の影響は二〇日間も継続した。

最終的にはウクライナ、EU、ブルガリア、スロバキアの首脳がモスクワに集まって協議を行い、ロシアが供給を再開して問題は解決した。しかし、最大の当事者であるロシアとウクライナは、ガスの輸入国から「ロシアはガスの安定供給の能力、ウクライナは通過国としての責任に問題がある」との非難を受けて信頼を大きく損なうことになった。この「ガス戦争」の内実を探ってみよう。

現在、ロシアから欧州へ送られているガスの主要な生産地は、ロシア中北部のヤマル半島とオビ川流域の西シベリアである。ここにはボワネンコフ、ヤンブルグ、ウレンゴイなどの大型ガス田がある。ヤマル半島から出発したパイプライン「兄弟」は、トルクメニスタンとウズベキスタンから出発したパイプライン「連合」とウクライナの国内で合流し、欧州へと延びている。パイプラインの総延長は四〇〇〇キロを超える。

この他に、ヤマル半島からモスクワ北部とベラルーシを通って欧州へ向かうパイプライン「北光」がある。現在、欧州のガス需要の四分の一はロシア産で、その半分はウクライナを通過するパイプラインで運ばれている。

†第一次ガス戦争

二〇〇四年、ウクライナの大統領選で親欧米派の元首相ユシュチェンコ候補が、親露派で現職の首相であるヤヌコヴィチ候補を破って大統領に選出された。ユシュチェンコ候補は第一回目の投票では首位を獲得したが、その後の決選投票では、ヤヌコヴィチ候補が勝ち大統領に選出された。

この結果に対して、ユシュチェンコ派から「不正選挙だ」との声が上がり、首都キエフでは連日、大規模なデモ行進とゼネストが行われた。このため、国際監視団が見守る中での再投票となり、ユシュチェンコ大統領が誕生した。これがウクライナの「オレンジ革命」である。欧米諸国、とくに米国のブッシュ政権はユシュチェンコ派を強く支援した。

当選の後、ユシュチェンコ大統領は欧米への接近路線をとり、EUへの加盟希望を表明した。

二〇〇五年、ロシアは原油価格の上昇に合わせて旧ソ連圏諸国へガス価格の引き上げを通告した。ウクライナへの値上げ通告は、一〇〇〇立方メートル当たりそれまでの五〇ドルから五倍弱の二三〇ドルへの引き上げであった。この価格は西欧向けの二五〇ドルと比較すると法外とは言えなかったが、一気に五倍の値上げ通告を受けたウクライナはこれを拒否した。

これに対してロシアは、二〇〇六年一月、ウクライナへのガスの供給を停止した。このロシアの措置に対して、オレンジ革命を経て西欧陣営に入っていたウクライナへ、国際的な支援と連帯の波が起こり、ロシアへは「エネルギーを政治の道具として使用する油断できない大国」とのレッテルが貼られた。国際世論の嵐がロシアを攻撃した。このため、ロシアは供給停止わずか三日でガス価格を九五ドルに下げて妥協した。

†第二次ガス戦争

二〇〇八年一二月、ロシアはウクライナに、ガス代金の滞納金二一億ドルの支払いとガスの価格を二五〇ドルに引き上げることを求めた。両国はそれ以前に価格に合意していたと伝えられたが、ウクライナは一二月下旬に二〇一ドル、次いで二三五ドルを回答して滞納金の一部である一五億ドルを支払った。

そして、先に述べたように、二〇〇九年の元旦、ロシアはウクライナ向けのパイプラインのバルブを閉めてガスの供給を停止した。さらに、債務の不履行として価格を欧州向け並みの四一八ドルに引き上げた。今度は、ロシアは国際世論に対して慎重であった。供給を停止する前日、プーチン首相は自らバローズEU委員長に電話をかけてガスの供給に影響が出る可能性があることを説明した。さらに、価格の交渉経緯、ウクライナの代金不払いの実情とガスの抜き取りなどの詳細な情報を頻繁にマスコミに流し続けた。

このプーチン首相の広報作戦は成功した。ウクライナはガスの供給が停止されるとEUに斡旋を依頼したが、EUは「ビジネス上の問題」としてこの要請を断った。ウクライナは、自国分の供給が停止されると欧州分のガスの抜き取りを続けたため、欧州への供給量に影響が出始めた。一週間後には欧州向けのガスが完全に停止した。この段階になるとさすがにEUも「供給が再開されなければ介入せざるを得ない」との声明を出して監視団をウクライナに派遣した。

ロシアとウクライナの当事国に加えチェコ、ブルガリア、スロバキアなどガス供給の影響を受けた国々の首脳がモスクワに集まって協議を続けた。最終的には、ウクライナは二〇〇九年第一・四半期の価格として三六〇ドルを受け入れた。

ガスの価格は原油の価格に連動するため、下落傾向にある価格は通年では平均二五〇ドル程度になる。そして、二〇一〇年以降、ウクライナ向けの価格は欧州向け価格と同じになり、契約の有効期間は一〇年とすることが決まった。今回のガス戦争はウクライナの完敗であった。一月二〇日には供給が再開された。過去最長の二〇日間の供給停止であった。

†理由があったロシアの値上げ

ロシアにはガスの価格を引き上げざるを得ない理由があった。ロシアは欧州、東欧諸国、ウクライナへ輸出するガスの全量を自国産のガスで賄っているわけではなく、一部はカザフスタン、ウズベキスタン、トルクメニスタンから輸入してそれを再輸出している。自国のガス会社からは割安で購入しても、外国からの購入価格が二〇〇九年には三〇五〜三四〇ドルになっていた。これを割安の価格でウクライナに再輸出すると、ロシアのガス輸出は逆ザヤとなって赤字が積み上がることになる。このため従来、割引価格で供給していた旧ソ連邦の国々に値上げを要請したのである。

また、ベラルーシやアルメニアなどの親露的な政策をとる国々への価格は割安となっているが、これらの国は割引の代償として国内のパイプラインの権益をロシアに譲渡している。ロシアのガスの輸出戦略の一つは、輸出相手国の供給網へ参入することで、これはドイツなどの西欧諸国でも一部では受け入れられている。

今回のガス戦争はウクライナが第一次ガス戦争の再現を狙ったことは明白である。しかし、前回と異なり、輸入国は「ロシアとウクライナの経済的な問題」として比較的冷静に受け止めていた。これはロシアの周到な国際世論対策の成果でもあるが、各国が三年前の第一次ガス戦争の経験から、二〜三カ月分のガス備蓄を持っていたことが大きい。

ＥＵは、欧州向けのガスが完全に停止した段階で初めて介入の動きを示したが、政治的にはあくまでも中立をとり、ウクライナの行動には一貫して批判的であった。また、米国は共和党のブッシュ政権から民主党のオバマ政権への移行期に当たっていた。さらに、二〇〇八年末から一月中旬の期間は、イスラエル軍がガザ地区でイスラム原理主義団体の「ハマス」を攻撃してパレスチナ側に一三〇〇人以上の死者が出た時期であった。米国の外交的な関心は完全に中東に集中されていたのである。

オレンジ革命によって親欧米路線を明確にしたユシュチェンコ大統領の登場により、当然なことに、ロシアとの関係は悪化した。また、革命後、欧米からの大規模な投資を期待していたが、実際にはそれほど増えなかった。ウクライナは工業国であり、輸出品目としては鉄鋼、化学肥料、機械が主力である。

二〇〇八年の夏以降、ウクライナは世界不況で最も経済的な打撃を受けた国の一つになっていた。エネルギーの価格、とくに工業部門のエネルギーと原料になるガスの価格はウクライナとしては最も抑えたいところであった。

また、ウクライナはガスの抜き取り分を含めて四カ月分のガス備蓄を持っていた。原油の価格が下落を続けている時期には、ガスの価格を決めるのが遅いほどウクライナにとっては有利になる。これらの事情を背景にして、ウクライナは第一次ガス戦争での成果の再現を狙った。

しかし、今回は国際世論が味方せず、ウクライナは二〇一〇年以降、欧州向けと同等の価格を受け入れざるを得なくなった。また、対外的には、ウクライナがガスを人質に価格の交渉を行って他の輸入国を巻き込んだとの印象を与えたため、EUへの加盟問題にも影響を受けることになった。

では、ウクライナはなぜこのような戦術を打ち出したのであろうか。そこには政府内部での大統領と首相の政治的な対立が見られる。ユシュチェンコ大統領は、経済政策の失敗から国民の支持が大きく揺らいでいた。ティモシェンコ首相はウクライナのジャンヌ・ダルクと言われる女性政治家で、オレンジ革命当時は親欧米路線を表明してユシュチェンコ大統領の朋友であった。だが彼女の政治姿勢は柔軟自在で、グルジア紛争の頃は親露派的な動きを示していた。二〇〇八年秋の段階でティモシェンコ首相がロシアと二五〇ドルへの引き上げで合意していたガス価格を、ユシュチェンコ大統領がひっくり返して価格を二〇一ドルに下げ、さらに、ガスの通過料を引き上げることを主張したため、ロシアと対立することになった。このような大統領と首相の対露姿勢の違いが、今回のガス戦争の原因であった。

一方、ロシアは、ウクライナへの価格を欧州向けの水準へと引き上げることには成功したものの、ガスの供給停止による損害は一億ドル以上となり、また国際的にガスの安定供給の能力に問題があることを示したため、EU諸国にロシア産のガスに代替するノルウェーなどの新供給源へのアプローチとLNG輸入の可能性を検討させることになった。

二〇一〇年に行われた大統領選挙では、ロシアとの関係改善を前面に出したヤヌコヴィチ前首相が大統領に選出された。新大統領は二〇〇四年の選挙で大統領に選出されたものの、オレンジ革命で不正選挙とされ、親露派だったこともあり当選を取り消されていた。六年ぶりの復活である。

†ウクライナを迂回する代替ルートの模索

ロシア産のガスの信頼性が低下したことによって、ウクライナを迂回するバルト海経由

ウクライナを迂回するガスパイプライン

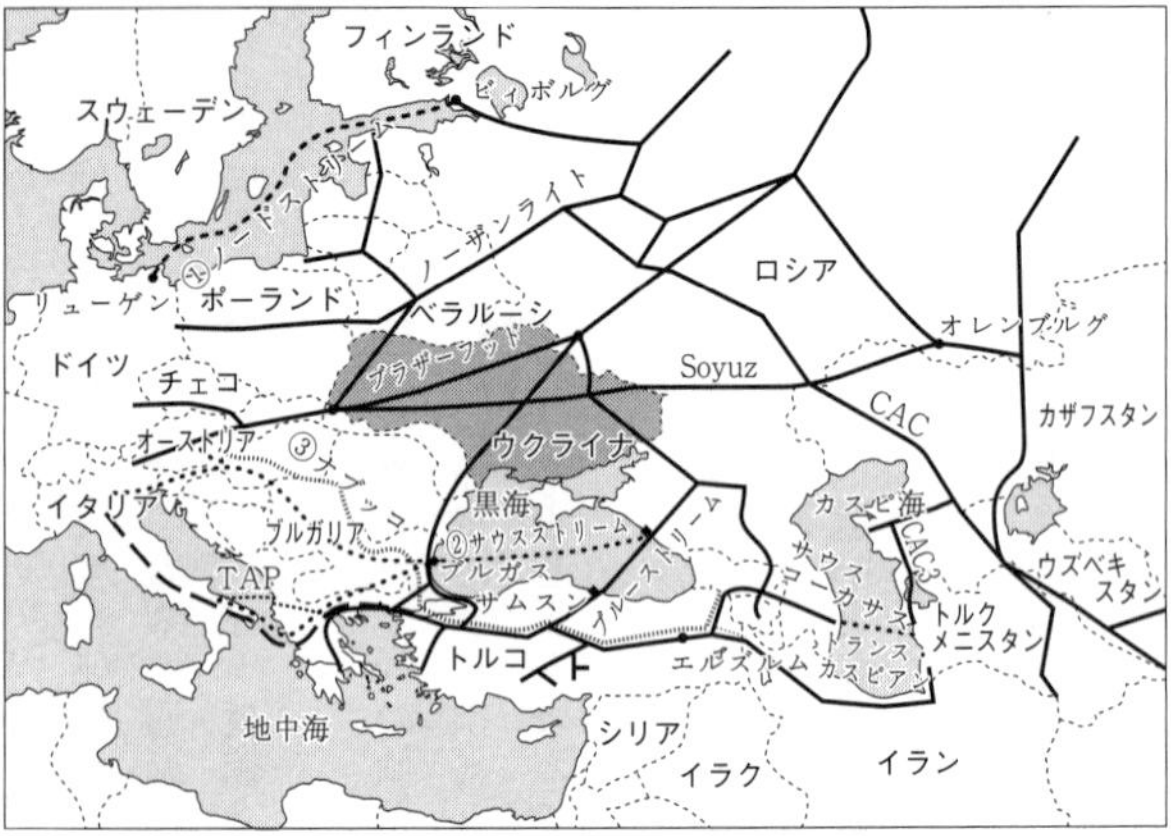

（注）①ノードストリーム　②サウスストリーム　③ナブッコ。破線は予定。
（出典）JOGMEC他

のノードストリームパイプライン、黒海経由のサウスストリームパイプライン、アゼルバイジャンのガスを使用するトルコ経由のナブッコ・パイプラインの計画の必要性がガスの輸入国の間で高まった。

ノードストリームパイプラインは、フィンランド国境に近いロシアのサンクトペテルブルグ北方、ビィボルグからバルト海へ入り、ドイツの北東部にあるリューゲン近辺で陸に揚がるルートで、直接、供給国のロシアと消費国のドイツ、オランダとを結ぶルートである。もともとはロシアの北極海に面したヤマル半島産のガスを欧州へ送るために計画されたパイプラインであった。

サウスストリームパイプラインは、黒海を横断してブルガリアのブルガスへ、そこから西に向かい、旧ユーゴスラヴィアとアドリア海を横断してイタリアへと繋がるルートと、北西へ延びて中欧のハンガリーとオーストリアへ繫がるルートがある。

ナブッコ・パイプラインは最も実現性があるパイプラインと言われている。中央アジアとカスピ海周辺のガスをアゼルバイジャン、グルジア、トルコを経由してオーストリアのウィーンへ送る。全長は三三〇〇キロ、年間の輸送能力は三一〇億立方メートル（石油換算で日量五〇万バレル）、二〇一〇年に着工して、操業の開始は二〇一三年が予定されている。投資の予定額は七八億ユーロである。

このナブッコ・パイプラインは、第二次ガス戦争が終結した直後にパイプラインの通過予定国であるハンガリー、トルコ、ブルガリア、オーストリアなどがブダペストに集まって実現を目指す宣言を行ったものである。計画の問題点としては、供給源になるアゼルバイジャンのガスの埋蔵量がまだ十分に確保されておらず、イラン、中央アジアのガス田からガスを集める必要があることと、先の紛争でロシア軍の攻撃を受けた「ＢＴＣパイプライン」と同じく、地勢的にリスクが高いグルジアを通過することである。

4　ロシアの北極海資源争奪戦略

†北極点海底に国旗掲揚

二〇〇七年八月、ロシアの深海潜水艇ミル一号とミル二号の二隻が、北極点下四〇八七メートルの海底にチタン製のロシア国旗を立てた。ロシア国内でこの映像がテレビで放映された影響は大きく、国民は、「北極海はロシアのもの」との印象を国民に与えた。

一方、このロシアの行動に対して、北極海に面した米国、カナダ、ノルウェー、デンマークの各国は強い反発を示した。カナダのマッケイ外相は「現在は一五世紀ではない。また、旗を立てただけで領土になるものではない」と論評した。この、植民地の争奪戦にも似た国旗掲揚の示威行動はロシアの北極海に対する強い関心を示したもので、その背景には国連海洋法条約が大きく影響している。

一九九四年に発効した国連海洋法条約は、大陸棚の定義を二つに区分している。一つは「距離基準」で、陸地が海面下まで延びている大陸縁辺部がこれ以上低くならない最低潮位の海岸線（基線）から二〇〇海里に満たない時は、大陸棚の範囲は二〇〇海里以内となる。もう一つは「自然延長基準」で、大陸棚の縁辺部が基線から二〇〇海里以上の時は、①堆積岩の厚さが、大陸斜面の傾斜が最大に変化する脚部からの距離の一％以上あって、二五〇〇メートルの等深線から一〇〇海里以内、②大陸棚の脚部から六〇海里以内、③いずれも大陸棚の範囲は基線から三五〇海里を超えない、とされている。沿岸国が二〇〇海里を超える大陸棚を設定しようとする時は、国連の大陸棚限界委員会に情報を提出して、委員会の勧告によって大陸棚の限界が決定する。この定義が、ロシアの北極海での調査行動を活発にさせているのである。

†北極海の大陸棚はロシアのものか

二〇〇一年、ロシアは大陸棚限界委員会に大陸棚延長の申請を行ったが、委員会はロシアにさらなる詳細な情報の提供を求めた。情報の提出期限は二〇〇九年五月であった。このためロシアは、提出する情報を収集するために北極海で積極的な海底調査を行った。北極点の海底での国旗掲揚の行動はこの調査の一環であった。

北極海の二〇〇海里大陸棚の面積は四五〇万平方キロで、そのうち、ロシアは二七〇万平方キロと全体の六割を保有している。ロシアの申請による大陸棚の拡大面積は、北極点

海洋法条約による大陸棚の定義

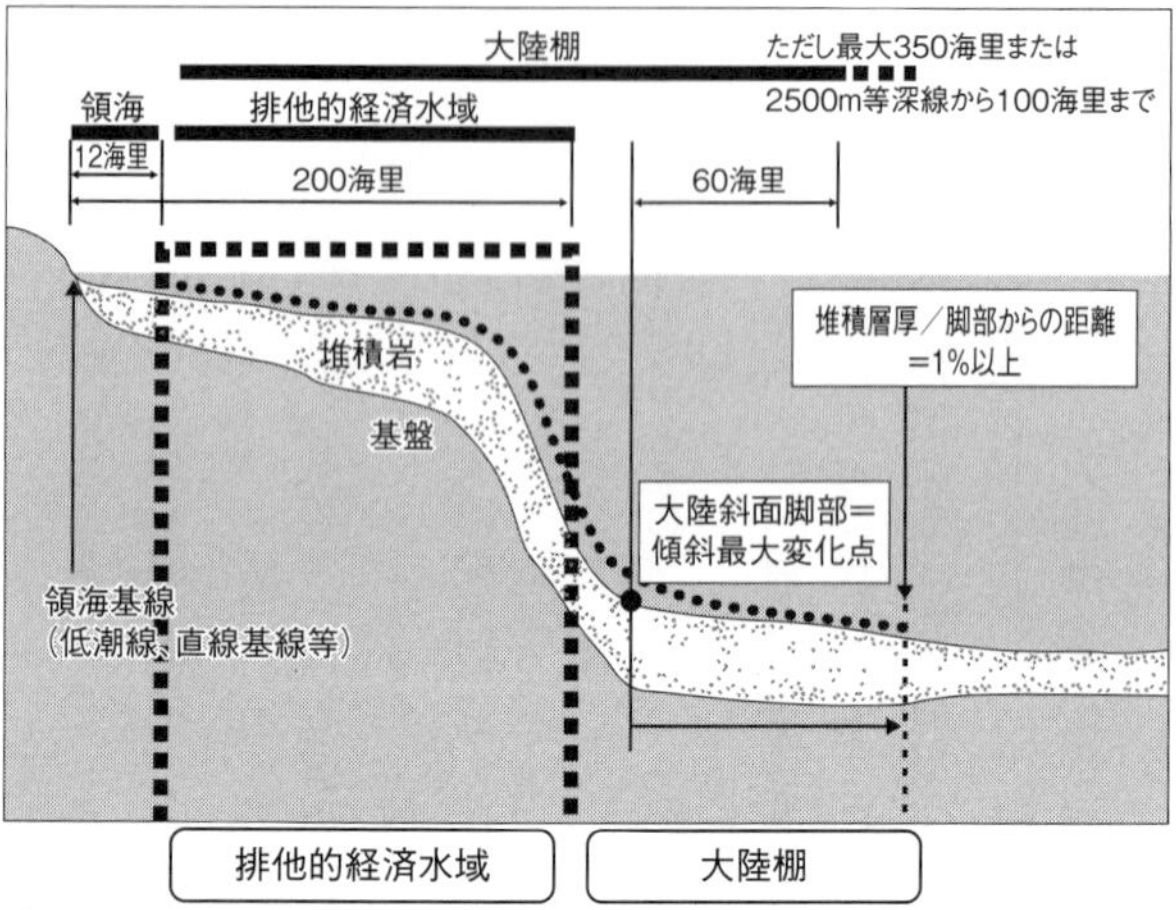

（出典）海上保安庁

を含めて一二〇万平方キロである。これが認められた場合、ロシアの大陸棚は三九〇万平方キロまで拡大されて、北極海の大陸棚は九割がロシアの領域になってしまう。

北極点の周辺は四〇〇〇メートル以上の大水深で、技術的にはまだ海洋開発の対象になっていない。海底の堆積層も薄く現時点では必ずしも資源の獲得には結びつかないが、「申請期限内に情報を提供して自国の占有大陸棚を最大限に確保する」というロシアの北極海戦略は明快である。

北極海の資源の中で一番に注目されるのは原油と天然ガスである。ロシアの北極海大陸棚に存在するこれらの資源の埋蔵量は、石油換算で七〇〇億～一〇〇〇億バレルと推定されている。埋蔵されている海域はバレンツ海とカラ海が大部分を占めている。

ロシアの大陸棚で最大の開発プロジェクトはシュトックマン・ガス田である。このガス田はバレンツ海の、ノルウェーに近いムルマンスクの北東に位置し、埋蔵量は世界最大級の約一三〇兆立方フィート、石油換算で二〇〇億バレルと大きい。水深は三〇〇メートルで、極地の海域、海岸からの離岸距離が五五〇キロメートルもあることからロシアは先進技術を持つメジャーの参入を期待していた。しかし、国営ガス会社ガスプロムがガス田の全権益を保有するとの契約内容のためにメジャーとの交渉は一時中断され、「ロシアの単独開発か」とその技術水準が危惧されることになっていた。ロシアの海洋開発の能力はまだ国際水準に達していないのである。

二〇〇七年七月、わずか二カ月前に就任したサルコジ仏大統領はプーチン大統領と電話会談を行い、フランスのトタールがシュトックマン・プロジェクトへ二五％の権益で参加することを決定した。サルコジ大統領は選挙の期間中、チェチェン紛争や西欧向けのガス供給の停止問題でロシアの横暴さを攻撃してきただけに、この電撃的な合意は西欧各国に大きな驚きを与えた。

合意されたプロジェクトの概要は、ガスの生産開始が二〇一三年、生産したガスは建設中のノードストリームパイプラインに接続して欧州へ輸出する。さらに、ノルウェー国境に近い不凍港のムルマンスクにLNG基地を建設して二〇一四年から米国へ年間で最大三〇〇〇万トンのLNGを輸出する。第一段階の事業費は一五〇億ドルと大規模なものであった。

先にロシアはサハリンⅡのLNGプロジェクトの権益を取得して経営権を確保したが、今回さらに、最新で最大級のLNGプロジェクトを手にすることになった。この合意の一カ月前、ガスプロムのミレル会長はフランスを訪問して、サルコジ大統領とガス・ド・フランスのシレリ最高経営責任者（CEO）と個別に面談した。シュトックマン・ガス田の開発問題が協議の対象であった。

ロシアはトタールのシュトックマン・プロジェクトへの参入を契機に、フランスとエネルギー分野で新たな協力関係を打ち立て、LNG技術と操業ノウハウの導入を図ろうとしている。

†欧州〜横浜間相当の距離が六割にまで短縮

欧州のロンドン、アムステルダム港から北極海のロシア沿岸とベーリング海峡を通って極東へ至る北極航路の開発は一六世紀から行われてきた。バレンツ海の名称は北極航路を探検したオランダ人の探検家ウィリアム・バレンツに由来している。

バレンツ海は暖流の北大西洋海流のために年間を通じて航海ができる。それより東のカラ海は冬期には氷結する。このため、東方の海域は年間で二カ月程度の航海しかできないので、ソ連邦の崩壊以降はこの航路は見捨てられていた。しかし、近年の温暖化現象によって北極海の氷結海域が縮小されたため年間を通じての航海が可能になってきた。

欧州からスエズ運河を経由して横浜までは二万一〇〇〇キロだが、北極航路を経由すると一万三〇〇〇キロと六割に短縮される。簡易砕氷タンカーの投入によって、極東と米国の西海岸が、北極海で生産される原油とLNGの販売市場になる可能性が出てきたのである。

北極航路を巡る各国の反応と動向は、一九九六年に設立された「北極協議会」に見ることができる。この協議会のメンバー国はカナダ、デンマーク、フィンランド、アイスランド、ノルウェー、ロシア、スウェーデン、米国の八カ国である。この他にオブザーバーとして英国、スペイン、ポーランド、オランダ、ドイツ、フランスの六カ国が、さらに、二〇〇九年にはイタリアと中国が参加した。

当初、協議会は北極海の海底資源の開発について協議することが目的であったが、現在では環境問題を含む幅広い問題が話し合われている。北極海と直接関係のない中国の参加には、その先に中国の輸出戦略を見ることができる。中国は急速な工業化の進展によって工業製品の輸出大国になったが、現在、アイスランドと自由貿易協定（FTA）の交渉を行っている。アイスランドが中国の協議会への参加を推薦したと言われている。新しい海洋戦略を構築中の中国にとって北極航路は欧州の輸出拠点となるオランダのロッテルダム港への最短航路となる。また、造船大国である韓国は、ロシアから二〇隻を超える北極航路用の砕氷船を受注した。

5　米露が対峙するエネルギー回廊——カスピ海油田とパイプライン

†蘇ったバクー油田地帯

世界最小の海であり世界最大の湖でもある中央アジアのカスピ海が、石油の海へと変わりつつある。カスピ海西岸のコーカサス地方は、一九世紀から産油地帯として知られていた。二〇世紀の初頭、この地方は世界の原油の半分を生産し、バクーはその中心地であった。

第二次世界大戦後、大産油地帯となった中東の台頭によってコーカサス油田の地位は徐々に低下していった。一九八〇年代、コーカサス油田を持つアゼルバイジャンの原油生産量は日産三〇万バレルまで低下していた。

一九九〇年代の前半、バクーの東、一〇〇キロの沖合海域で、アゼリ・チラグ・クナシリ（ACG）油田が発見された。この油田は可採埋蔵量が五四億バレルの巨大油田であった。

この油田の開発には欧米のメジャーと石油会社が参入した。オペレーターはBP、日本企業では国際石油開発帝石と伊藤忠商事がノンオペレーターとして参加した。一九九〇年代後半、ACG油田は試験生産を始めた。二〇〇九年には最終開発となったクナシリ油田が生産を開始し、生産能力は日産一〇〇万バレルとなった。この油田の開発と生産の開始によってバクーの石油産業は再び活気を取り戻した。

†再興の先駆け——テンギス油田

カスピ海油田の開発は、北東部のカザフスタンにあるテンギス油田にシェブロンが参入したことによって始まった。この油田は、一九七〇年代にソ連の技術で発見されていた可採埋蔵量が九〇億バレルという巨大油田である。しかし、原油が多量の硫化水素を含み、

カスピ海周辺の新設パイプライン

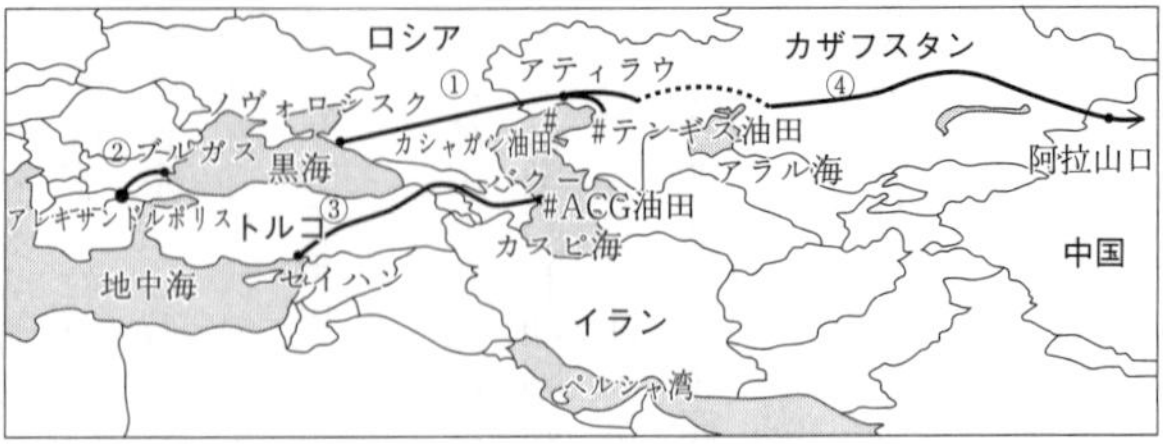

①CPCパイプライン（テンギス→ノヴォロシスク）②ブルガス-アレキサンドルポリス・パイプライン　③BTCパイプライン　④アティラウ-阿拉山口パイプライン

油層が地下四五〇〇メートルと深く、また、高圧であったため開発にはメジャーの技術が必要であった。

一九九〇年、ワシントンでゴルバチョフ大統領とジョージ・ブッシュ大統領が会見した際、米国企業の参入が合意された。この結果、米国を代表するメジャーのシェブロンとエクソンがテンギス油田の開発に参入することになった。油田の開発は順調に進んだが、原油の輸送で問題が生じた。一九九一年末、ソ連邦が崩壊するとカザフスタンが独立して石油の契約が見直された。その結果、ロシアはテンギス油田の権益を保持することができなかった。

生産が開始された時、原油はカスピ海の北部、カザフスタンのアティラウとロシアのサマラを通って欧州へ向かう既設のパイプラインで運ばれていた。油田の権益を保持できなかったロシアは、国営パイプライン会社「トランスネフチ」を通じて送油量や通油料などで様々な圧力をかけてきた。

二〇〇一年、テンギス油田からカスピ海の北部を通り、ロシアの黒海沿岸ノヴォロシスクまで通じるカスピ海パイプライン・コンソーシアム（CPC）が開通した。全長は一五八〇キロ、口径は四二インチ、通油能力は日量五六万バレルであった。このCPCの建設に際してテンギス油田へのロシアのルクオイルとCPC、シェブロンとエクソンなどの西側企業の参加が決まった。

テンギス油田の権益比率は米国のシェブロン四五％、エクソン・モービル二五％、カザフスタンのテンギス・ムナイガス二五％、ロシアのルクオイル五％となった。一方、テンギス油田のオペレーターであるシェブロンは、CPCの送油能力を懸念してカスピ海の西岸を通って「BTCパイプライン」（後述）に繋ぐルートを検討していた。

二〇〇六年、プーチン大統領はナザルバエフ・カザフスタン大統領との会談で、CPCの送油能力を日量一三四万バレルに拡大することを決定した。それと同時に黒海のブルガス（ブルガリア）からエーゲ海のアレキサンドルポリス（ギリシャ）に至るパイプラインを建設することに合意した。このパイプラインは、年間に五万隻を超える通過船舶によって混雑と滞船が問題になっているボスポラス海峡を迂回することを目的としたものである。計画では全長は二八五キロ、通油能力は日量七五万バレルで、後に一〇〇万バレルへ拡大する予定となっている。この合意によってテンギス原油は完全にロシアの管理下に入り、プーチン大統領によるパイプラインの引き寄せ戦術は成功した。テンギス油田の生産能力は二〇一〇年に七〇万バレルに拡大される計画である。

†世界最大級の油田が開発中

カスピ海の北部、カザフスタンのアティラウ沖合で、世界最大級のカシャガン油田が開発中である。この油田は二〇〇〇年に発見され、イタリアのAGIPをオペレーターにエクソン、シェルなどのメジャーと日本の国際石油開発帝石が参加している。推定される可採埋蔵量は一三〇億バレル、生産開始は二〇一二年、当初、日産三〇万バレルの生産量は一五〇万バレルまで拡大の予定である。この油田の問題は、開発の海域が非常に浅く掘削リグの移動が難しくて開発費が割高となっていることである。さらに、カザフスタンの国営石油会社カズムナイガスが資源ナショナリズムの波に乗って保有権益を二倍の八・三%に引き上げたため、コンソーシアム各社の権益比率が比例で低下した。

カシャガン油田が生産を開始すると、東方のテンギス油田との合計生産量は日産二二〇万バレルとなる。送油能力を拡大したもののCPCの輸送能力では不足する。このためカシャガン油田のコンソーシアムは、カスピ海西岸に沿うパイプラインをBTCパイプラインに接続する計画を練っている。カシャガン原油の日量一五〇万バレルの送油ルートの決定は、ロシアのパイプライン戦略と通過国の通油料収入への期待が絡み、今後の大きな課題となっている。

米露対峙のエネルギー回廊

バクー沖でACG油田が発見された時から大きな懸案となっていたのは、パイプラインのルートであった。当初、考えられたのは、バクーからロシア領を通って黒海のノヴォロシスクへ至る北ルートと、カスピ海の海底にパイプラインを敷設して南下してイランの北部で陸揚げした原油をイラン産の原油とスワップ（交換）し、イラン産の原油をペルシャ湾からタンカーで積み出す南ルートであった。ACG油田に参加していた石油会社は経済性から南ルートに乗り気であった。これに、イランと対立して経済制裁を実施している米国のクリントン政権が強い圧力を加えてきた。

北ルートはパイプラインがロシア領内を通過すること、また、積み出しタンカーはロシア海軍の勢力下にある黒海とボスポラス海峡を通ることが問題だった。

南ルートは石油供給を、実質、経済制裁下にあるイランの管理下に置くことになる。また、タンカーが石油輸送の最大の隘路であるホルムズ海峡も通過する。

当時は湾岸戦争の後であって、国連の安保理事会決議によるイラクへの経済制裁が継続されていた。この制裁の効果を上げるためには、陸路を使用してタンクローリー車で行われていたイラクの石油密輸を停止させることが必要であった。トルコはこの密輸を黙認することで利益を得ていた。トルコに黙認をやめさせるためにトルコ領内にパイプラインを敷設してその通過料を石油密輸の黙認料に代替させるという提案は、トルコにとって魅力的だった。ここで米国の、ロシア外しとイラクへの経済制裁強化というカードが切られたのだ。

ＡＣＧ原油のパイプラインは、アゼルバイジャンのバクーを出てグルジアのトビリシを通ってトルコのセイハン港に到着するというルートで決着した。このパイプラインは通過する各都市の頭文字を取ってＢＴＣパイプラインと名付けられた。当時、ロシアはソ連邦の崩壊による経済と政治の混乱期にあった。プーチン政権の成立前で、米国によるパイプラインのロシア迂回工作に抵抗する力はなかった。

二〇〇六年にＢＴＣパイプラインは完成した。カスピ海の東岸から全長一七六〇キロ、標高三〇〇〇メートルの最高地点を含む山岳地帯を抜けて、地中海に面したトルコ南部のセイハン港へ日量一〇〇万バレルの原油の流れが通じた。総工費三七億ドルを費やし、米国が構想を描いたエネルギー回廊が完成した。

二〇〇八年夏、トルコ中部のレファヒエでＢＴＣパイプラインが爆発して炎上する事故が起こった。クルド労働者党（ＰＫＫ）が犯行声明を出したが詳細は不明であった。この事故でパイプラインの通油量は一時、四分の一まで減少したが、二週間程度で回復した。

また、同じ月、ロシア領の北オセチアへの併合を求めるグルジア領の南オセチア自治州にグルジア軍が進攻し、平和維持軍として駐留していたロシア軍とグルジア軍の間で戦闘が起こった。ロシア軍は南オセチアを支援するために兵力を増強してグルジアの首都トビリシを含む全土に空爆を行った。この空爆ではBTCパイプラインが通過する地域も対象になった。

この戦闘には北京オリンピックの開会式に出席していたプーチン首相が、急遽、帰国して北オセチアに入り軍隊の直接指揮を執った。米国は軍艦を黒海に派遣した。米国とロシアの間にも緊張が強まった。その後、ロシアは南オセチア自治州と、分離独立運動を続けていたグルジア西部のアブハジアの独立を承認する。これに対して、グルジアは旧ソ連邦の国家グループである独立国家共同体（CIS）から脱退してロシアと断交した。

グルジアのサアカシュヴィリ大統領は、米国の大学で学びニューヨークで弁護士をしていた経験もあって親欧米的な経済の自由化政策を取り入れていた。グルジアは米海兵隊が国内に駐留しており、北大西洋条約機構（NATO）と欧州連合（EU）への加盟も希望していた。ロシア軍の南オセチアへの支援とグルジアへの空爆は、グルジア軍の進攻を契機に逆にロシアがグルジアの親欧米政権に楔を打ち返すとともに、BTCパイプラインの安定性を揺さぶってエネルギー回廊へのロシアの影響力を誇示したものと言える。「強いロシア」を目指すプーチン戦略が浮上してきたのである。

†カスピ海の東、中国に延びるパイプライン

二〇〇五年末、カザフスタン中西部のアタスから中国の最西部に位置する新疆ウイグル自治区の阿拉山口に至る、全長九六〇キロの国際パイプラインが完成した。これによってカザフスタンで生産された原油が、直接、中国に輸送されるようになった。それまで、中国は鉄道によってカザフスタンの原油を輸入していた。このパイプラインの送油能力は、当初、日量二〇万バレル、最終的には四〇万バレルまで拡大される予定である。

現在、カザフスタン中央部のケンキヤックとクムコム間の七六〇キロに、パイプラインが敷設中である。これらの新設パイプラインは既設のパイプラインに接続されて、カスピ海北部のアティラウから中国の西部まで総延長は三〇〇〇キロとなる。日量四〇万バレル、中国の輸入量の一割に相当する原油がカザフスタンから送られる。中国国営CNPCが権益を保有するケンキヤック、ザナゾール、北ブザチ、アリスコイエ、ベクタス・コニスの各油田の原油もこれらのパイプラインによって、直接、中国へ輸送することが可能になる。

輸入された原油は新疆地区のウルムチ、カラマイ、独山子の製油所で精製されるか、あ

るいは、原油のまま中国中部の蘭州や重慶などの製油所へ国内パイプラインで輸送される。二〇〇七年にはカザフスタンから中国への天然ガスパイプラインの工事が着手された。年間の輸送能力は三〇〇億立方メートル、石油換算で日量四八万バレルに相当する。

この年の八月、カザフスタンのナザルバエフ大統領は、訪問した胡錦濤主席との会談の後、「カスピ海は中国と繫がれる」と述べて中国との一体感を強調した。ロシアと欧米諸国に左右されないパイプラインで、直接、原油と天然ガスを輸入するという、中国の石油・ガス直接輸入戦略が実現しつつある。

第４章

中国の台頭

1　中国のエネルギー資源確保戦略

†エネルギー消費大国となった中国

中国がエネルギーで大きく注目されたことが過去二回ある。一回目は、一九五九年に中国最大の大慶油田が発見された時であった。この油田は太平洋戦争の前、日本が懸命に石油を探し求めて見つからず、「石油鉱脈はない」とした東北地方の黒竜江省で発見された。この油田の開発は一九五〇年代の「中ソ対立」でソ連の技術陣が引き揚げる中、人海戦術による大動員方式で行われた。中国の重工業開発に合わせて短期間で原油の生産が開始された。

大慶油田は農業部門のモデル地域「大寨」とともに「工業は大慶に、農業は大寨に学べ」との標語によって中国の自力更生と工業発展のシンボルとされた。掘削用の泥水に飛び込み身体を使って攪拌作業をした技術者（王進喜）の石油英雄伝説も生まれた。

油田の最大生産量は一九九七年の日産一一〇万バレルであった。現在の生産量は八〇万バレル台に落ちているが、今も中国を代表する主力油田の一つである。その後、中国は勝利油田、大港油田、遼河油田などを発見し、一九七八年には生産量が大台の二〇〇万バレルを超えて石油の自給を達成した。

しかし、工業化の進展とともに一九九〇年代前半には石油の消費量が生産量を超え、石油の輸入国に転換する。ここから中国の本格的な石油確保の戦略が展開された。

一九九〇年代末、中国は国営石油会社の中国海洋石油総公司（CNOOC）、中国石油天然気集団公司（CNPC）、中国石油化工集団公司（シノペック）の再編と新設を行った。これらの石油会社は二〇〇〇年に相次いでニューヨーク、ロンドン、香港の市場で株式を上場して積極的な海外展開を開始した。

二回目に中国がエネルギー面で注目されたのは、二〇〇〇年以降に急増した石油消費量によってである。二〇〇〇年代に入ると、中国はGDPの実質成長率が年間八％を超える成長を続け、二〇〇八年の前半には八月の北京オリンピック開催に向けて経済活動はピークに達した。中国は二〇〇三年に日本を抜いて世界第二の石油消費国になった。石油の輸入量は石油消費の増加に合わせて二〇〇〇年の日量一七五万バレルから二〇〇八年には三八〇万バレルへと倍増した。八年間で輸入が二倍に増加したのである。

一時、中国の経済発展の速度に合わせて石油の輸入は日量五〇〇万バレルを超えるとの予測まで流れ、「中国の石油がぶ飲み論」が専門紙上に溢れた。

中国のエネルギー消費量は石油換算すると二〇〇八年で日量四〇〇〇万バレルである。日本の三倍、米国に次ぐ世界第二のエネルギー消費国となった。石油の消費量は八〇〇万バレル、一次エネルギーに占めるその比率は二割弱で先進工業国に比べると約半分に過ぎない。その理由は、エネルギー消費の七割は石炭が占めているためである。石炭の使用で二酸化炭素、硫黄、煤煙などが排出され、環境汚染が進んでいる。

この環境問題の対策として、石油と天然ガスへの転換が行われている。とくに、環境上、問題が少ないガスへの転換がエネルギー政策の柱の一つになっている。石油は、過去、大部分が工業部門で使用されていたが、近年のモータリゼーションの発展により、民生部門での使用量が飛躍的に増加を続けている。

†エネルギー確保の積極戦略

この増大する石油とガスの需要のために中国はエネルギー戦略として「海外での石油とガスの確保」を打ち出している。それを支えているのが膨大な外貨準備高と三大国営石油会社である。過去二〇年間の海外企業の投資と進出によって世界の工場となった中国は、工業製品の大輸出国となった。その貿易黒字は外貨準備高として蓄積され、二〇〇九年末には二兆四〇〇〇億ドルになっている。この額は日本の外貨準備高の二・三倍である。

石油の輸入量は増加を続けており、二〇二〇年には七七〇万バレルへ倍増するとの予測がある。中国にとって経済成長を維持するためには石油の安定供給が最大の懸案になってきた。このため、中国は様々な石油の確保策を講じているが、その一つとして外貨準備を活用して産油国の国営石油会社への融資が行われている。中国国家開発銀行は、原油の価格が下落したことによって資金不足に陥ったロシアの石油会社ロスネフチとパイプライン会社トランスネフチへ二五〇億ドル、ブラジルの国営石油会社ペトロブラスへ一〇〇億ドルを融資する契約に合意した。融資の返済は原油で行われる。原油の価格が一バレル＝七〇ドルの場合、この融資で五億バレルの油田が確保されたことになる。

国営石油会社による海外の石油権益の取得は、一九九五年にCNPCがタイで権益を確保したのが最初であった。CNPCはカナダのオイルサンド事業への参加や、ロスネフチとの合弁によるロシアの陸上鉱区への進出など、メジャー並みの多極化した戦略を打ち出している。

シノペックはサウジアラビアのガス開発、アンゴラの沖合鉱区の取得、イランへの進出など、CNPCと競合しながら積極的な進出策を展開している。中国の海外進出はスーダン、イラン、イラク、アンゴラなどカントリーリスクが高い国の権益を積極的に取得するのが特色である。

例えばスーダンでは、一九八〇年代の後半から一九九〇年代の前半にかけて北部の政府軍と南部の反政府軍との間で内戦が起こった。その過程で発生した政府軍の虐殺行為に対して米国が経済制裁を実施したため、フランスのトタール、米国のシェブロン、カナダのアラキスなどの欧米の石油会社が撤退した。その隙間を埋めるように中国のCNPCがスーダンに進出した。

このスーダンで中国は石油開発に成功した。内戦と治安悪化が続く中で、南西部の陸上鉱区を取得したCNPCは油田の開発に成功すると、首都ハルツームにスーダン政府と折半で処理能力が日量一〇万バレルの製油所を建設した。そして油田群から製油所、さらに紅海までの総延長一六〇〇キロの石油パイプラインを完成させた。最近では紅海沖合の二鉱区へも参入して探鉱作業を実施している。

この結果、スーダンの原油生産量は現在の日産五〇万バレルから数年以内には八〇万バレルまで上昇する見込みである。CNPCは油田の開発と生産、パイプラインの敷設、製油所の建設と操業、生産量の半分に近い原油の引き取りなどスーダンの石油産業と経済を支えている。バシル大統領は「CNPCなくしてわが国の石油産業はない」と発言した。また、中国政府は「CNPCのスーダンにおける活動は南南協力のモデルである」と自賛している。

一方、海洋での石油開発が専門のＣＮＯＯＣは、二〇〇五年、米国の中堅石油会社ユノカルの買収を試みた。米国の大手石油会社シェブロン・テキサコはユノカルとの合併で合意に達していたが、ＣＮＯＯＣはユノカルへ、シェブロン・テキサコとの合意額より二〇億ドルも多い、一八五億ドルの買収額を示した。この買収は中国による過去最大で最も重要な案件として世界の注目を浴びた。

これに対して、米国の議会では「中国が高度な石油開発の専門技術を買い占める」として反対の声が上がり、最終的にＣＮＯＯＣは買収を断念する。インドネシアやタイ沖で豊富な海洋開発の経験と技術を持つユノカルの買収によって、海外の沖合鉱区の権益と技術の取得を狙った中国の一石二鳥的な買収戦略は挫折した。

ＣＮＯＯＣはユノカルの海洋技術を東シナ海と南シナ海の大陸棚での開発に投入する計画であった。この「米中の技術獲得戦争」の敗北は、その後、中国の海外資産の買収に大きな教訓を与えることになる。

†石油開発は技術的な上昇段階へ

この買収戦の敗北後、ＣＮＯＯＣはケニアとソマリアの陸上鉱区へ参入する。ソマリア

中国3大石油企業の主要資産買収

年	企業	対象国	概要
2005	CNPC	イラン	ヤダバラン油田権益20%取得、20万B/D（見込）
2005	シノペック	アンゴラ	沖合3/05鉱区25%取得、生産中2.5万B/D
2005	CNPC	カザフスタン	ペトロカザフスタン買収、生産中15万B/D
2005	シノペック	アンゴラ	沖合18鉱区50%取得、生産中10万B/D
2005	シノペック・CNPC	エクアドル	陸上5鉱区取得（2.2億ドル）、生産中7.5万B/D
2005	シノペック	カナダ	オイルサンド生産Syneco社40%買収
2006	シノペック	ロシア	TNK-BP合弁子会社買収（35億ドル）、11.6万B/D
2006	CNOOC	ナイジェリア	OML権益取得（22.7億ドル、45%）
2007	CNPC	スーダン	北部紅海沿岸13鉱区取得
2008	COSL（CNOOC）	ノルウェー	掘削企業AWO買収（25億ドル）
2008	シノペック	カナダ	Tranganyika-Oil買収（18.1億ドル）
2009	CNPC	カナダ	Verenex買収（4億ドル）

は一九九〇年代の内戦以降、カントリーリスクの高さによってメジャーや外国の石油会社が撤退した国である。さらに、ＣＮＯＯＣは軍事独裁国として欧米諸国が経済制裁を続けているミャンマーの鉱区を取得し、リスクがある国でも積極的に権益を確保する姿勢を示した。

二〇〇八年七月、ＣＮＯＯＣの子会社である中国石油サービス（ＣＯＳＬ）は「ノルウェーの海洋掘削会社ＡＷＯを二五億ドルで買収する」と発表した。ＡＷＯは北海油田があるノルウェー海域で豊富な掘削の経験を持ち、海底着定式ジャッキアップ型の掘削リグを八基、半潜水型の掘削リグを三基保有している。とくにＣＯＳＬは半潜水式の掘削リグを導入することによって、操業水深が八〇〇メートルまで延びて海洋での探鉱能力が大幅に強化された。

また、シンガポールの造船所では水深三〇〇〇メートルでも操業が可能な半潜水型の掘削リグを製造中で、数年以内に完成する見込みである。これらのことは、中国の石油会社が権益を購入する段階から、探鉱と掘削の技術を上昇させる段階へと移行しつつあることを示している。

海洋掘削会社を買収した後、その設備と機器を効果的に使用するためにはノウハウと経験の蓄積が必要である。中国はこのノウハウを取得するために、メジャーが操業するプロジェクトにノンオペレーターとして積極的に参入する手法を採用している。西アフリカのアンゴラ沖合は高度な技術が必要な大水深プロジェクトが集中する海域である。

シノペックはこのアンゴラ沖合の第一八鉱区に参入した。オペレーターはメジャーのBPで、二〇〇七年には水深が一二〇〇メートルを超える海底から原油の生産が開始された。このシノペックのアンゴラ進出には中国輸出入銀行が二〇億ドルの資金援助を行っている。

また、CNOOCはナイジェリアの水深一二〇〇メートルの沖合鉱区に進出した。オペレーターはフランスのトタールで、すでに生産を開始している。中国はこの西アフリカの大水深プロジェクトで取得したノウハウと経験を南シナ海の三〇〇〇メートルを超える大水深の海域に投入する計画である。南シナ海の鉱区の過半はCNOOCが保有している。

中国の三大国営石油会社の海外権益は開発予定の生産量も含めて日産二五〇万バレルを

超えたと言われている。三社を競合させながら海外で石油とガスを確保するという中国の戦略は成果を収めつつある。

2 エネルギー転換と石油備蓄

†大パイプライン計画

中国が増加するエネルギー消費に対応するために、石炭を中心としたエネルギー構造から石油とガスへの転換を急速に進めていることについてはすでに述べた。そのため、探鉱や開発段階の権益だけでなく、すでに生産を開始している油田とガス田の取得も積極的に行っている。とくに注目されるのがガスである。

LNGでは、インドネシアのイリアンジャヤで行われているタングープロジェクトと、豪州の北西大陸棚でのゴルゴンプロジェクトやブラウズプロジェクトから年間三〇〇万〜四〇〇万トンを購入する契約を締結した。中国の契約はLNGの購入契約と抱き合わせてプロジェクトの権益を取得するのが特徴である。購入者としてだけでなく生産者としての

中国向け天然ガスパイプライン計画

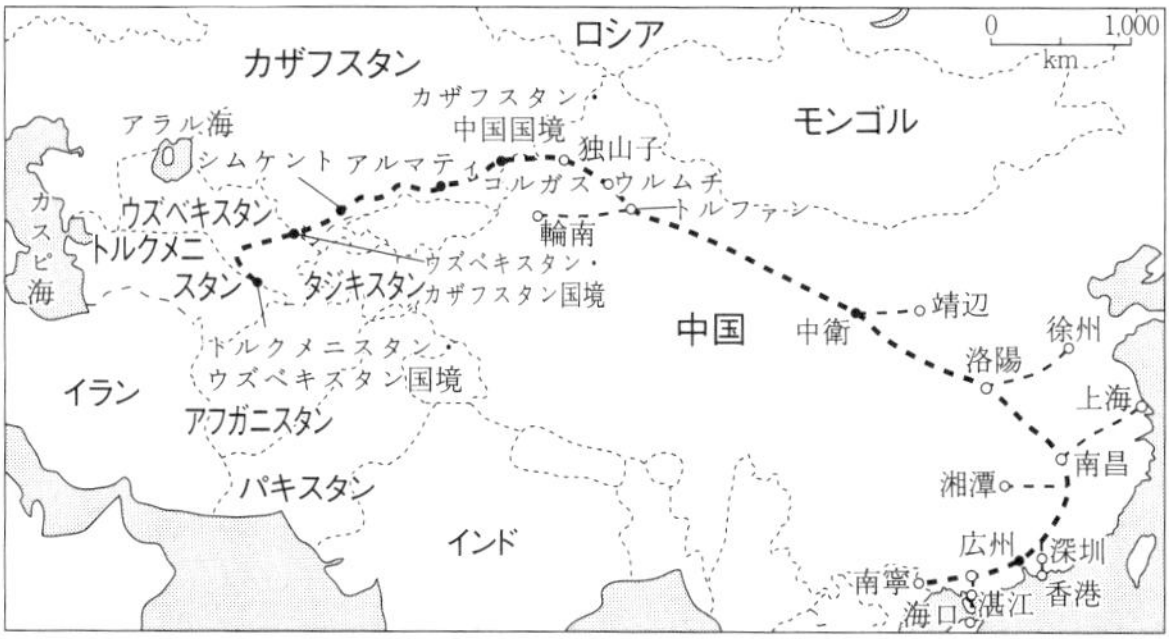

（出典）JOGMEC

発言権を確保するためである。

二〇〇四年、中国は西部にある新疆のガス田（地図中の輪南）から上海に至る全長四〇〇〇キロの「西気東輸」ガスパイプライン（輸送能力年一二〇億立方メートル）を完成させた。さらに、二〇〇八年には全長四八〇〇キロの「第二西気東輸」ガスパイプライン（輸送能力年三〇〇億立方メートル）の工事に着工した。

第二パイプラインを敷設する目的はトルクメニスタンのガスを輸入することである。トルクメニスタンからウズベキスタンを通ってカザフスタンへ全長二〇〇〇キロの中央アジア・ガスパイプラインを敷設して新設の第二西気東輸パイプラインに結び、総延長で六〇〇〇キロに達するパイプラインの完成を目指している。このパイプラインの終着は中国南部の広州で完成は二〇一一年が予定されている。

中国のエネルギー消費量が増大を続ける理由は経済

成長だけでなく、エネルギーの効率が圧倒的に悪いためでもある。GDP当たりのエネルギー消費を国際比較してみると、中国を一〇〇とすれば、日本は一〇、米国は二二、英国は一六、ドイツは一七である。つまり、中国は同じ物を生産するのに日本の一〇倍のエネルギーを使用することになる。この効率の改善こそ中国が目指すべき最重要なエネルギー対策である。

二〇〇七年一〇月の共産党中央委員会報告では、「二〇二〇年までに国内総生産を二〇〇〇年比で四倍にする」、「エネルギー資源の節約と環境の保護を強化する」ことが強調された。同時に、国家発展改革委員会は、「中国はエネルギーの大消費国と言われているが、国民一人当たりのエネルギーの消費量は、米国の七分の一、日本の四分の一に過ぎない」と中国の「エネルギーのがぶ飲み論」を否定した。

人口一三億人の中国が、世界平均のエネルギーを消費した場合、その消費量は石油換算で日量一二〇〇万バレルも増加する。また、中国は政策上、ガソリンと軽油の国内価格を低く抑えている。現在のガソリン価格は一リットル＝一三元、日本円で八〇円と、日本の約六割である。この低価格政策がガソリンの消費を増やす一因にもなっている。

†急遽、増量された石油備蓄

中国のエネルギー政策は「資源の確保」からようやく「省エネルギー」に目が向いてきた。同時に必要とされていたのは緊急時の石油備蓄であった。中国は鎮海、大連、黄島、舟山の四カ所に国家備蓄基地を建設する計画を発表していた。目標の備蓄量は二〇一〇年までに一六二〇万キロリットル（約一億バレル。公表数値はキロリットルで、換算率は一キロリットル＝六・三バレル）、石油輸入量の三〇日分である。

この備蓄は、当初、原油の価格が上昇した時期と重なったため計画が進まず、価格がピークであった二〇〇八年の夏時点での備蓄量は三〇〇万キロリットル（一九〇〇万バレル）に過ぎなかった。しかし、価格が下落した同年の冬から翌年の春にかけて中国は一気に備蓄量の積み増しを開始し、二〇〇九年半ばには備蓄量は目標値を達成してしまった。

第二段階の国家備蓄の目標値は二〇一五年の四二八〇万キロリットル（約二億七〇〇〇万バレル）で、最終的には輸入量の九〇日から一〇〇日分を備蓄することを目標にしている。一〇〇日分の備蓄量は六二三〇万キロリットル（約三億九〇〇〇万バレル）である。積み増しされた原油の購入価格は数カ月前の三分の一、一バレル＝五八ドルであった。

これらの備蓄量は国家分であるが、CNPC、シノペックなどの国営石油会社の在庫分を合わせると備蓄量の合計は六一一〇万キロリットル（三億八五〇〇万バレル）で、これは輸入量の九七日分に相当する。

3　東シナ海ガス田合意

†中国側の開発と日本の対応

二〇〇八年六月、日中両国は東シナ海のガス田開発で合意したことを発表した。その内容は次の通りであった。

・「白樺」（中国名「春暁」）ガス田では、今後、設立される中国企業に日本側が資本参加する。

・「翌檜」（中国名「龍井」）ガス田の南に中間線を跨ぐ共同開発の鉱区を設けて共同で探鉱作業を行う。

・排他的経済水域の境界問題は棚上げする。

白樺ガス田は、二〇〇二年からCNOOCとシノペックが共同で開発に着手していた。翌年、シェルとユノカルが白樺を含む五鉱区の開発に参入した。中国は、シェルのガス処理技術と、南シナ海で豊富な経験を持つユノカルの海洋での掘削技術に期待していた。一年後、両社はデータの分析と企業化の評価を行った結果、「参入鉱区は経済性がない」と判断して撤退した。この両社の行動は、その後、米中が真正面から衝突するユノカルの買収問題へと発展していく。

二〇〇四年、「中間線より五キロ中国側の海域に白樺ガス田のプラットホームが設置された」と日本の新聞が報じた。一部の新聞のタイトルは「中国の侵食一〇年」という衝撃的なものであった。当時の細田博之官房長官は記者会見で、「プラットホームは中間線より中国側で直ちに影響を与えるものではない。引き続き注視する」と冷静な見解を述べた。

一方、エネルギー担当の中川昭一経済産業相は「日本の排他的経済水域を侵す可能性がある」として中国に探鉱データの提供を求め、

東シナ海のガス田

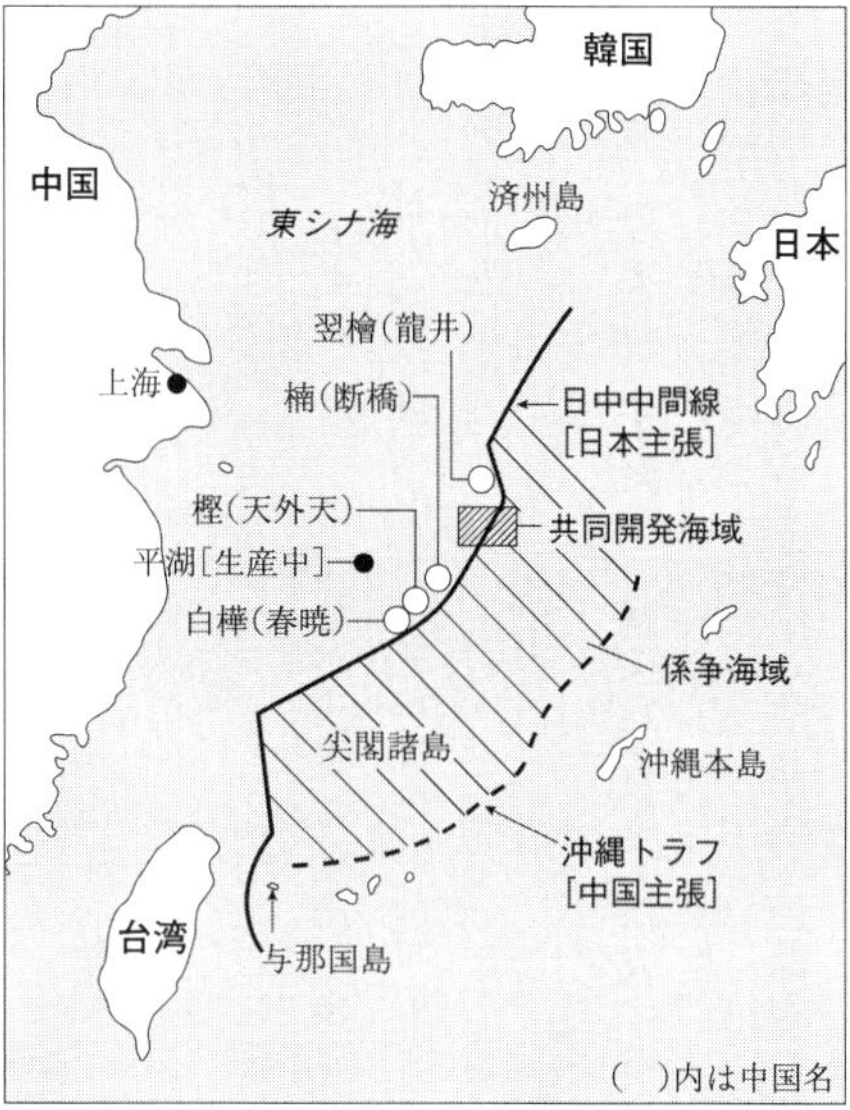

海上保安庁機で現場の海域を視察した。また、中国側との会談の席上、コップのジュースを例に「中国は日本の資源をストローで吸い取る」とジェスチャーで示して抗議をした。

経済産業省は、急遽、ノルウェーの海洋調査船をチャーターして、中間線の日本側海域で三次元の物理探鉱を実施した。さらに総計二三五億円の予算が組まれて物理探査船「資源」（一万二九七総トン）の建造が決定された。また、掘削リグの手配が行われた。これに対して、「日本側が掘削を実施すれば中国海軍の軍艦が出動する」との情報も流れ、日中衝突の気配が生じた。

政府は外務省、資源エネルギー庁、防衛庁（現防衛省）、海上保安庁、国土交通省、文部科学省、環境省、水産庁の関係八省庁で構成する「大陸棚調査・海洋資源等に関する関係省庁連絡会議」を立ち上げた。白樺ガス田問題を契機に、中国の海洋進出を警戒する政治家や学者グループの声も上がり関係官庁の動きも活発になった。マスコミの論調も過熱し、東シナ海の波が一気に高まった。

†中間線論と大陸棚延長論

二〇〇四年一〇月、これらの動きの中で、中国の李肇星外相は、町村信孝外相に日中間の実務者協議の開催を提案した。この協議は両国間の合意までの四年間、粘り強く継続されて実務的な調整に大きな役割を果たした。

日中の対立点を整理すると、日本は「排他的経済水域を両国の中間線で区画すべき」としている。これに対して、中国は「大陸棚は延長している。沖縄トラフで区画すべき」と主張している。いずれの主張も「海洋法に関する国際連合条約」に規定されていて、その区分は「関係国の合意到達の努力」に委ねられている。係争海域は、日本側の主張する中間線と、中国側が主張する大陸棚の延長部分である沖縄トラフとの間となっている。

過去、関係国が国際司法裁判所に付託して出された判決では各海域の個別条件が考慮されている。石油の発見によって紛争海域として注目された北海の大陸棚では、沿岸国の海域を等距離で区分するとドイツの大陸棚が狭くなることから、区域は等距離より広くとることが決まった。

また、英仏大陸棚ではフランスのブルターニュ半島に近い英国の飛び島となっているチャネル諸島の海域は、中間線によって区分が決められ、フランスの大陸棚となった。いずれの判決も海洋法条約以前の大陸棚条約の時代に出されたが、現在も有効とされている。

油田の境界問題が戦争まで発展した例では、イラクのフセイン大統領が、「クウェートは国境地帯にあるルメイラ油田の原油を盗掘している」として補償金を要求し、クウェート侵攻の理由の一つとしたことがある。原油の価格をベースに計算するとクウェートは一億バレルを超える大量の原油を抜き取ったことになるが、生産井の位置、井戸の生産性などからクウェート側の盗掘はなかったと言われている。

石油操業の国際慣行では、境界線の内側であれば自由に掘削が可能である。このため、石油開発の初期には、「井戸は境界線に近い所から掘れ」と言われ、多くの紛争とトラブルが発生した。石油開発の先進国である米国では、油層の広がりの面積比で開発の費用を分担し、生産した原油を配分する共同開発(ユニタイゼーション)の概念が発達した。

なお、日本の国内法(石油及び可燃性天然ガス資源開発法)では、国内のガス井はその深度が五〇〇メートル以上の場合は、鉱区の境界から一〇〇メートル以内には掘れないことになっている。この規則は広く公開されていることから、当然、内外の石油専門家の間では周知のことである。

†地中の埋蔵物

原油やガスは地中の空洞の中に溜まっているのではなく、地層中の「構造」と呼ばれる貯油層や貯ガス層の岩石の中に詰まっている。この岩石は軽石状の多孔性の砂岩で、この穴の隙間に原油やガスが溜まっている。この砂岩は石油の臭いがするだけで、外見は通常の岩石と変わらない。

地上からこの原油やガスが詰まっている構造に井戸を掘ると、地下数千メートルにある原油やガスは周辺の地圧に押され井戸（生産井）を通じて地上に出てくる。

油田やガス田では半径約五〇〇〜一〇〇〇メートルの間隔で生産井を掘る。それより生産井の間隔が離れていると、地層内の原油やガスが生産井まで流れて来ないため採り残しが多くなる。原油の場合、油層内にある貯油量（原始埋蔵量）の全部が回収できるわけではない。通常、その回収率は三割程度で、油層内の圧力の低下を防ぐために生産井の管を油層の中に横に置き、原油を吸い取る穴を多くしても四〜五割程度が限度である。このような手法を用いた場合は当然のことながらコストが上昇する。ガスの場合は原油よりも回収率は良く、六〜八割になる。

白樺ガス田の場合、日本側に全く坑井が掘削されていないため正確ではないが、周辺の構造とガス層の厚さ、孔隙率と浸透性、ガス層の深度と圧力などを推定したシミュレーションでは、一〇年程度の時間をかければかなりの量のガスが中国側へ移動する可能性がある。中国側はガス層には断層があって移動しないと主張している。この点は双方のデータを突き合わせなければ分からない。

準メジャー級の掘削技術を保有していれば、プラットホームから四〜五キロ離れた中間線付近まで傾斜掘りと水平掘りを適用した大偏距掘削技術を使用して到達することが可能である。現在の中国がこの技術を保有しているかどうかは確かでない。ユノカルの技術に注目したことと海上プラットホームの写真から推測すると、海洋開発の技術はそれほど高くはないと推察される。

先に生産を開始した平湖ガス田のプラットホームは韓国製であった。白樺は中国製である。「サンプル輸入からコピー建造へ」の一例である。地質データは産油国、石油会社の最高機密で、通常は公開されない。鉱区の入札が行われる時、あるいは共同開発が合意された後に機密保持契約を締結して、データの閲覧料を支払って見る。中国が掘削した掘削井の地中位置は「共同開発」の参入時にデータを閲覧すれば直ちに判明する。

東シナ海の原油とガスの埋蔵量については、一九六八年に国連のアジア極東経済委員会（エカフェ）が調査して以降、様々な期待数値が出たが、大規模な埋蔵量があるとの具体的なデータはない。四〇年以上前に行われた調査は二次元の地震探鉱、升目状の調査線（メッシュ）が粗い概査で、「原油、ガスの構造が存在する可能性がある」との評価であった。当時の収録と解析技術は、現在のものと比較するとその精度は大幅に劣っている。埋蔵量の推定と確認のためには概査からメッシュの細かい精査、さらに、三次元の地震探鉱を行い有望と思われる構造への試掘が必要となる。

東シナ海の埋蔵量は風説的には一〇〇〇億バレルというクウェート並みの数値も見られ

るが、現時点では希望的な推測値と期待値に過ぎない。原油やガスの探鉱では、背斜構造と呼ばれる油やガスがある構造が見つかっても、試掘井を掘らないと、中味が原油かガスか水か分からないのである。構造の上部の原油やガスを閉じ込める蓋の役目をする岩層（ロックキャップ）に割れ目があると、堆積した原油やガスは洩れて四散してしまう。専門家の間では「東シナ海の埋蔵量は深度が深いため地温が高くガスが多い」との見方が多い。

比較的大型とされる白樺ガス田の埋蔵量は、最大でも石油換算で一億バレル程度で、生産されたガスはパイプラインで五〇〇キロ離れた中国本土の寧波に輸送される。中国は国産ガスの価格を産業の振興上、国際価格より低目に抑えている。すでに生産中の平湖ガスの国内価格は一〇〇〇立方フィート当たり五ドル（石油換算一バレル＝約三〇ドル）である。

通常、沖合の油・ガス田の開発コストはバレル二〇〜三〇ドルで、プラットホームから寧波までの海底パイプラインの費用を加えれば経済性は厳しい。沖縄まで長距離海底パイプラインを敷設しても、ガスを受け入れるインフラが未整備なので新規の投資が必要になる。また、沖縄にガスの消費が期待できる産業もない。したがって、共同開発の場合は、ガスを中国側に売却して代金を受け取る方式になる。ガスの埋蔵量は石油換算で中国の消費量の一三日分、日本の二〇日分程度である。

†共同開発への道のり

「日本側の中間線は認めない」、「中間線より中国側での採掘であり、地下の構造は断層で遮断されていて日本側のガスは中国側まで流れない」と強く主張していた中国が、二〇〇八年に共同開発の合意に達した理由としては次のことが考えられる。

まず、チベット問題他で外交的に孤立した状態にあったため、対外紛争と利害が対立する案件において中国政府が柔軟な対応を示す必要があった。次に、福田政権の時期を逸しては、小泉政権の時に最悪になった日中関係の改善が困難になると判断した。さらに、排他的経済水域の画定問題を棚上げにして、国内の反対派、とくに軍部の強硬派を押さえ込める、あるいは、押さえ込もうと胡・温指導部が判断した結果であった。

合意の発表と同じ時期に、中国の武大偉外務次官は、「東中国海（東シナ海）を平和、協力、友好の海域にしていく。お互いの法律的立場を損なわない状況下で、東中国海の一区域を選択して共同開発をする。日本企業は中国の法律に基づき春暁（白樺）ガス田の共同開発に参加する」と発表した。中国側の原則論を述べると同時に、最後の項目の「中国の法律に基づき」は、権益保持と国内の反対派や強硬派を意識したものと考えられる。

白樺は中国の法律に基づく資本参加に過ぎず、変則的な共同開発に過ぎないとの見方もある。しかし、生産直前のプロジェクトへの権益参入は、石油会社が資金不足に陥った時や、権益接収に近いサハリンⅡへのガスプロムの参入の例以外には珍しく、この段階で日本の参入を認める中国側の譲歩も窺われる。

翌檜の探鉱段階からの鉱区設定は、共同開発への一歩前進である。日中関係の進展を阻害している懸案事項の解決には「共同開発」しかない。二〇〇八年の合意は双方の歩み寄りと譲歩の上になされたもので、総論的には日本の主張も生かした現実的な解決案と言える。

その後、合意内容の具体的な交渉は中国側の「事務レベルの接触を維持したい」との姿勢のままで進展していない。これは中国の国内、とくに軍部に「合意内容が日本側に優位に行われた」との強い不満があってこれに配慮しているものと推測される。

二〇〇九年一二月、日本の新聞が「白樺プラットホームの掘削設備が完成した」と報じた。その二カ月前の一〇月、北京を訪問した鳩山由紀夫首相は温家宝首相との会談で、「日中共同で石油と天然ガスの共同開発を行い、東シナ海を友愛の海にしたい」と述べた。これに対して、温首相は「近い将来、事務レベルの接触が行われる」と回答している。

前年の合意では、日本側の資本参加と共同開発が取り決められている。掘削リグの設置が終わったとすると、次の段階では生産井の位置を決め、掘削開始となる。中国側も早急に事務レベルの会合を開き、双方の共同開発の内容を詰めることが必要である。

今後の具体的な協議では、日本側もナショナリズムを煽ることなく、冷徹に国益を勘案しながら、解決の道を見つけ出していく必要がある。このことは困難なことではあるが、共存の道はそれ以外にはない。

4 北朝鮮、究極のエネルギー事情

†石油消費は韓国の二六〇分の一

拉致、核開発、「人工衛星」の発射、六カ国協議からの退場、核施設の再開宣言、核実験の再開と頻繁に瀬戸際外交を繰り返し演出する北朝鮮は、日本海を挟んで日本からわずか五〇〇キロの距離にある。これは東京と京都間の距離にほぼ等しい。

この北朝鮮のエネルギー事情はどのような状態にあるのか。まず、北朝鮮を三八度線で区切られた韓国と比較してみたい。面積は北朝鮮が一二万平方キロ、韓国が一〇万平方キロとほぼ同じである。人口は北朝鮮が二三〇〇万人、韓国は四九〇〇万人と二倍の差がある。衛星写真で夜の朝鮮半島を俯瞰すると、韓国は都市を中心に全体が白く輝いている。

一方、北朝鮮はほとんど真っ暗な中で、わずかに首都の平壌近辺だけが白くなっている。この違いが両国のエネルギーと経済事情を如実に表している。

一次エネルギーの消費量は北朝鮮が石油換算で日量三八万バレル、韓国が四八〇万バレルと一三倍の差になっている。石油の消費量は北朝鮮の日量八〇〇〇バレルに対して、韓国は二〇六万バレルと二六〇倍である。エネルギー消費量の差はそのまま経済活動に比例し、国民総所得（GNI）は北朝鮮が二一〇億ドル、韓国が九七二〇億ドルと四七倍、同一人口比では二二倍の大差がある。

一九六〇年代には北朝鮮の国民総所得は韓国を超えていた。しかし、石油危機とソウルオリンピックが契機となって両国の経済力は逆転、その格差は年々拡大していった。結果的に見れば、計画経済と重工業中心の社会主義政策をとった北朝鮮と、輸入代替の産業から消費財の生産、重工業化、輸出の促進へと自由主義経済を進めた韓国との差が四〇年間で大きく開いたことになる。

韓半島の夜間衛星写真（2003年9月）

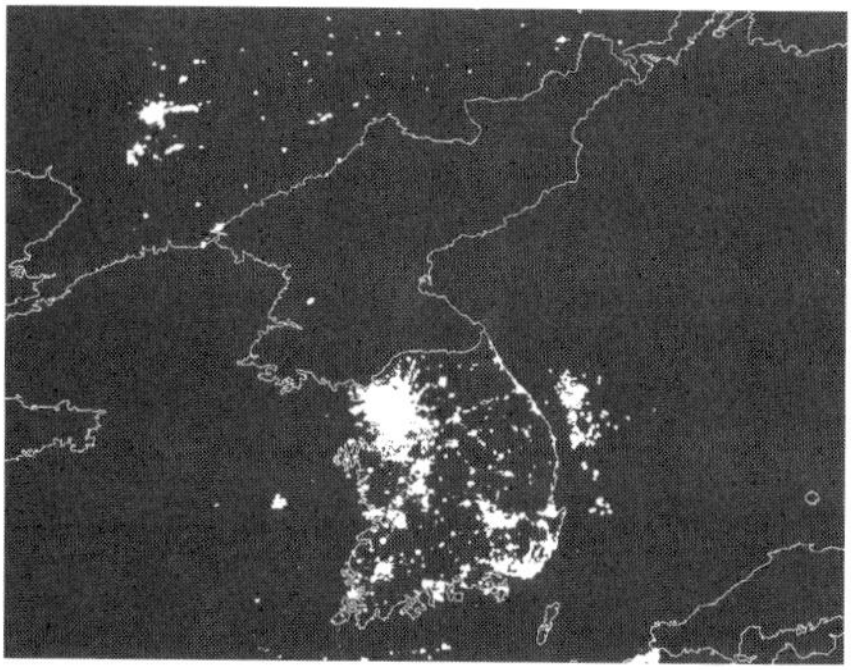

†エネルギーの主力は石炭

エネルギーの供給量のピークは一九八五年であった。その後の二〇年間で供給量はピーク時の六割まで下落してしまった。理由は、ソ連邦の崩壊によって割安の友好価格で供給されていた原油が止まってしまったこと、洪水や飢饉などの天然災害が頻繁に発生したこと、体制が時代の進展に合わず硬直化し非効率になったこと、過度な軍事予算や計画経済の失敗によって経済活動が停滞したことなどが挙げられる。この中では経済政策の失敗の影響がとくに大きい。

北朝鮮のエネルギーは八五%が石炭である。外貨を節約するために輸出代金の節減が至上命令になっている。そのため国産の石炭と再生が可能な水力がエネルギーの中心に置かれている。また、薪、炭、麦藁、動物の乾燥糞などが再生可能な自然エネルギーとして燃料に使用されている。その供給比率は石油の三%より多い五%を占めている。

したがって、北朝鮮のエネルギー供給は石炭の生産量によって左右される。その生産量は、一九八五年の三七五〇万トンから現在は二〇〇〇万トン前後にまで下落している。石炭の埋蔵量は無煙炭と瀝青炭を合わせて一五〇億トンと推定され、可採年数は七〇〇年以上となる。

しかし、経済の不振による資機材の欠乏、メンテナンスや電力の不足、設備の老朽化によって現在の生産量は横ばいの状態にある。食糧不足のために炭坑労働者の労働意欲が減退し、一部の炭坑では労働力を補充するために人民軍の兵士を投入している。

石炭に次ぐエネルギーは水力である。中朝の国境を流れる全長七九〇キロの鴨緑江には、「水豊」「雲峰」「渭原」「太平湾」など大型のダム式発電所がある。

水豊ダムは太平洋戦争中に日本が建設したもので、七〇万キロワットという発電能力は、当時、世界最大級であった。日本の敗戦時に発電機がソ連軍によって略奪されカザフスタンへ移設されたり、朝鮮戦争中には米軍機に爆撃されたりしたが、現在も重要な水力発電所として使用されている。雲峰ダムは中国と北朝鮮が共同して建設したもので、完成は一九七四年であった。発電能力は四〇万キロワット、電力は両国が折半で使用している。

小規模の水力発電所の建設が奨励されていて、発電量を高める努力が行われている。一九八〇年代の後半から全国で一八五カ所の小型発電所が建設された。発電能力九万キロワットが得られたとの新聞情報からすると、一カ所の発電能力は平均五〇〇キロワット程度である。水力も炭鉱と同じく経済条件の制約によって発電量は増加せず、全体的には依然として電力の不足状態が続いている。インフラと資機材の老朽化による送電ロスも大きい。

北朝鮮の総発電量は二〇〇六年で二二四億キロワット時であり、必要とされる電力量四〇〇億キロワット時の半分程度の電力しか供給ができていない。これが電圧の低下を起こして都市部でも頻発する停電の原因となっている。なお、一キロワット時とは一〇〇〇ワットを一時間使用した電力量である。

†石油の需給状況

エネルギーの国産化を掲げる北朝鮮にとって、石油の開発は最重要な政策の一つであった。一九七〇年代から一九九〇年代にかけて北朝鮮は中西部の陸上地域で安州を中心に数十坑の試掘を実施した。さらに、半島西側の海域、西朝鮮湾で、当初は国産の掘削櫓によって、後にはシンガポール製の沖合用掘削リグを購入して十数坑、東朝鮮湾の元山沖合で二坑の試掘を行った。金正日総書記による直接の指揮であったが、いずれも原油の発見には至っていない。

北朝鮮当局は「西海で五〇億～四〇〇億バレル、全土合計では五八〇億～七三〇億バレルの埋蔵量の可能性がある」と発表しているが、全く根拠はない。「地質的には五億バレル程度の発見が期待できる」との日本の地質専門家の推定もあるが、ソ連とユーゴスラヴィアの技術支援を受けたものの技術力、資金ともに不足している。

二〇〇〇年に入って韓国の新聞が「北朝鮮は西部海域で日産六〇〇〇バレルの原油を生

産中」と報じたが、衛星写真で施設は確認されていない。陸上の安州地域でも、「日産数百バレルを生産中」との報道がなされたが、同様に、操業は確認されていない。したがって、北朝鮮では一部の零細坑井で原油が生産されている可能性があるとしても、石油のほぼ全量を輸入していると判断される。

石油の輸入量は最大で年間三〇〇万トン（日量六万バレル。北朝鮮の統計はトン表示で、原油一トンは七・三バレル）に達していたこともあったが、二〇〇六年では七一万トン（同一・四万バレル）となっている。このうち、火力発電所などの二次エネルギーに使用される量が二九万トン（同六〇〇〇バレル）、国内の最終的な石油消費量は年間四二万トン（同八四〇〇バレル）で、日本の石油消費量の〇・七日分である。

輸入量は原油と石油製品が半々である。輸入先はソ連で、タンカーが日本海側北東部の羅津に隣接する石油の専用港先鋒に輸送していた。しかし、ソ連邦の崩壊後、友好価格での輸出が中止となって、現在では、石油のほとんどを中国から輸入している。

原油は大慶油田からパイプライン「中朝石油管道」（口径四〇センチ、北朝鮮側一四〇キロ）で鴨緑江の河底と西朝鮮湾の海岸線に沿って安州の製油所へ、石油製品は鴨緑江の河口に近い中国側の丹東を経由して、中朝友誼橋（丹東～新義州）を渡る鉄道で運ばれている。

北朝鮮はこの他に、北東部のロシア国境に近い日本海沿岸にある訓戒の製油所でソ連からの原油を精製していた。国内に二カ所ある製油所の精製能力の合計は年間二五〇万トン（日量五万バレル）であるが、訓戒の製油所はソ連からの原油の輸入が中断されたことによって現在は操業を停止している。また、安州の製油所は原油の輸入量が年間三七万トン程度とすると、操業率は一五％に過ぎない。

†北朝鮮の核開発

一九九五年、日本、米国、韓国によって設立された朝鮮半島エネルギー開発機構（KEDO）は、次の合意を行った。

①北朝鮮が保有している、または建設中の、プルトニウム生産が容易な黒鉛減速炉を解体して建設を中止する。

②その代替として、出力一〇〇〇メガワットの軽水炉二基を建設し、北朝鮮に提供する。建設費用は日本三、韓国七で負担して、完成後三年据え置き、二〇年間で無利子返済とする。

③一基目の軽水炉完成まで代替エネルギーとして年間五〇万トンの重油を提供する。

重油の提供は一九九六年から、軽水炉の建設はその翌年から開始された。しかし、二〇〇二年に北朝鮮がウランの濃縮計画を明らかにしたため、重油の提供は同年末から、軽水炉の建設は翌年末に停止された。北朝鮮へ提供された年間五〇万トンの重油は発電用に回されて主に日本海側の先鋒火力発電所で使用されていた。その後、北朝鮮は二〇〇五年二月に「核兵器保有宣言」を行った。北朝鮮が核開発に使用したプルトニウムは、一九六〇年代に稼働を開始したソ連製のＩＲＴ－二〇〇〇研究用プール型軽水減速原子炉と、北朝鮮が独自に開発した実験用黒鉛減速原子炉から抽出されたものである。この原子炉の原型は英国製のコールダーホール型である。いずれも、平壌の北方八〇キロの寧辺にある。

二〇〇九年五月に行われた核実験は、ミサイルに搭載する核爆弾を小型化することと起爆装置の効率化を技術的な目的にしていた。さらに、米国と単独の平和協定を締結することを政治的な目的として行われたと推測されるが、核軍縮を唱えるオバマ政権からすれば核実験の再開は公約に逆行するものであった。

†究極の状態に近い石油事情

もともと北朝鮮の農業は、収穫量を増やすために化学肥料と農薬を多用した集約的な農法であった。しかし、エネルギーの不足は肥料の生産量を減少させた。また、灌漑用ポンプの燃料不足は水路の状況を悪化させて給水量を減少させた。トラクターの老朽化と部品や燃料の不足は作業の効率を大幅に低下させた。これらが複合して、農業の生産性は低下し、食糧不足を拡大させた。餓死者発生の情報もある。

一一〇万人の兵力を保有する軍部と核やミサイルの開発をはじめとする軍需産業部門の優先度を考えると、輸送と民生部門は極限の石油統制下にあり、消費財の生産を犠牲にして軍需部門へエネルギーを回している状況と推測される。貧者の兵器である「核」とその運搬手段としての「ミサイル」へは、六〇〇〇億円と見込まれる軍事費のうち七割が集中的に投資され開発が進められている。

軍優先の経済運営は「先軍政治」と呼ばれて、北朝鮮の政治と経済の基幹となっている。この政策が当面変わることはないだろう。石油の備蓄量は設備的には五万トン程度で、簡易的な油槽、ドラム缶での備蓄を加えても一〇万トンを超えないと推測される。この量は現状（平時）の消費量では七週間程度に過ぎない。

北朝鮮に影響力を持つ国は中国である。その関係は石油で裏付けられている。北朝鮮は、石油供給を一〇〇％、中国に依存しているのだ。その供給は、北朝鮮が外貨節約のために生産している石炭などとの、物々交換的な取引で行われている。

中国が石油の供給を断てば、かろうじて稼働している北朝鮮の工業生産は壊滅的打撃を受け、戦闘機、戦車、トラックなどもただの鉄の塊になるだろう。中国は北朝鮮の生命線を握っているのである。

第5章

アメリカの新エネルギー政策

1　オバマの「グリーン・ニューディール」

†オバマ大統領の登場

オバマ大統領は、二〇〇九年一月の就任演説の中で、「我々のエネルギーの消費の仕方が我々の敵を強化して我々の惑星を脅かしている」、「太陽や風や土地を利用して、車の燃料を造り工場を動かそう」と述べてエネルギーへの強い関心を示した。オバマ大統領のエネルギー政策は「グリーン・ニューディール」と言われた。

「ニューディール」とは「新規巻き返し」の意味で、世界恐慌ただ中の一九三三年にルーズベルト大統領が提唱した経済政策である。この政策は、テネシー川開発公社（TVA）による多目的ダム（三二基）の建設に象徴される公共投資色の強いものであった。七六年ぶりのグリーン・ニューディールはエネルギーへの投資を経済政策の主柱に据えるもので、とくに再生可能エネルギーの利用を打ち出している。

この中でエネルギー政策は大きく次のように分けることができる。

（一）再生可能エネルギーの使用
（二）プラグイン自動車、バイオ燃料、燃費基準の使用と改善による石油消費量の削減
（三）省エネルギーの促進
（四）スマートグリッド（知的送電線）の普及と活用
（五）環境問題への対応

オバマ大統領はこれらの政策を実行するための具体的人事として、エネルギー庁長官にローレンス・バークリー国立研究所のスティーブン・チュー博士（ノーベル物理学賞受賞者）を任命した。同研究所は代替エネルギー分野で米国を代表する研究機関である。さらに、環境保護局（ＥＰＡ）長官には元ニュージャージー州環境保護局長のリサ・ジャクソン氏を充てた。

ブッシュ前大統領もエネルギー問題には関心が強く、中東石油への依存度の低減、再生可能なエネルギーの利用拡大、バイオ燃料の使用目標値の設定などの政策を打ち出していた。オバマ大統領のエネルギー政策は、前大統領の政策をさらに拡大して環境問題へも目を向けたのが特色である。

†グリーン・ニューディールの目指すもの

ルーズベルト大統領のニューディール政策は、当時の世界恐慌に際してテネシー川の水力電力を開発する公共投資によって、二五％にも上昇した失業率に対する雇用対策を打ち、疲弊した農民を支援することを目的にしていた。オバマ大統領のエネルギー政策も同様に、経済と雇用対策的な色彩が強い。このことは政策の多くが「米国再生・再投資法」の中に含まれていることからも分かる。

二〇〇九年一二月、米国エネルギー情報局がオバマ政権の政策を織り込んで発表した「米国のエネルギー予測（二〇一〇）」では、次のことを明らかにした。

・一次エネルギーの消費量は二〇三五年で一四％程度増加する。
・液体燃料の消費量は一〇％程度増加する。バイオ燃料は二〇〇八年の三・一％から五・一％になる。
・風力、太陽、地熱などの再生可能エネルギーは、二〇〇八年の一・二％から二〇三五年には二・九％へ、水力は二・五％から二・六％へと微増する。再生エネルギーを合計した割合は、六・七％から一〇・六％になる。

つまり、再生可能なエネルギーが全体に占める割合は、政策による大量な資金の投入にもかかわらず三・九%しか増加しないと予測されている。エネルギーを多量に消費する社会の基本構造を変えない限りは、米国のエネルギー構造に大きな変化は生じないのである。この点では、オバマ政権が、石油の消費量の約半分を占めるガソリンの消費に焦点を当てたことは正解であった。また、地味ではあるが「スマートグリッド」と「省エネルギー」の利用と実行は、エネルギーの消費量を確実に減らすことになり、意味がある。

米国のエネルギー消費予測（2008〜2035年）

	2008年	2020年	2030年	2035年
液体燃料	38.35	39.36	40.30	42.02
天然ガス	23.91	23.27	24.15	25.56
石炭	22.41	23.01	25.42	25.11
原子力	8.46	9.26	9.29	9.41
水力	2.46	2.96	2.96	2.99
バイオマス	3.10	3.93	5.60	5.83
再生可能	1.17	3.01	3.08	3.36
純電力輸入	0.24	0.20	0.16	0.22
合計	100.09	104.68	110.96	114.51

（注）単位：1000兆BTU／年。BTUは熱量単位、石油1バレル＝600万BTU。
（出典）「米国のエネルギー予測（2010）」米国エネルギー情報局（EIA）、2009年12月

†目玉としての再生可能エネルギー

米国は、過去、石油の大量使用によって文明を築いてきた。しかし、石油の大量使用は米国のエネルギー環境を徐々に変化させてきた。まず、石油の消費量の増加と国内の埋蔵量の減少によって自給率が下がり、輸入を増加させた。この結果、現在の輸入依存度は五割を大幅に超えている。この状況がオバマ大統領の就任演説での「我々の敵を強化している」という発言に繋がっている。

エネルギー政策で石油の使用量を減少させ再生可能なエネルギーへ転換するために投入される予算は、一〇年間で一五〇〇億ドルで、エネルギーの転換に伴って五〇〇万人の雇用が可能になると謳われている。具体的な方策としては太陽光発電、風力発電、バイオ燃料、低炭素石炭を使用する火力発電や断熱やエネルギー使用の効率化などが挙げられている。

米国の発電総量は四一億メガワット時（一キロワットの電力を一時間発電した時の電力量が一キロワット時、一メガワット時は一〇〇〇キロワット時）で、そのうち水力発電は六%、風力、太陽などの再生可能エネルギーは三%であり、合計は九%である。水力発電は資源としてはほぼ開発され尽くしている。エネルギー政策では、二〇一二年までに電力の一〇%、二〇二五年までに二五%を再生可能なエネルギーから発電するとしている。二〇〇九年末に発表されたエネルギー予測では、二〇三五年の再生可能エネルギーによる発電比率は一七%と、早くも予測が政策の当初の目標値より下降している。この中で期待されているのが技術的、コスト的に問題が少ないとされる風力発電である。

現在、米国では大型の風力発電機が中西部のグレートプレーンズ（大草原）の強風地帯や北東部の大西洋上に設置されている。オバマ大統領は「風力発電で二〇三〇年までに米国の電力二〇%を満たし、二五万人の雇用を創設する」と発言し、減税によって普及を進めることを計画している。再生可能なエネルギーの減税措置は既存の生産税控除に三〇%の投資控除が加えられて利用者の選択が可能となった。米国はすでに世界最大の風力発電国である。風力による総発電能力は二五一〇万キロワットで、世界の設置能力の二割を占めている。第二位はドイツの二三九〇万キロワット、日本は一三位の一九〇万キロワットである。

2 バイオ燃料

†バイオ燃料はガソリンの代替となるか

米国の二〇〇九年の石油消費量は日量一八九五万バレル、純輸入量は一一九〇万バレルで輸入依存度は六三%であった。このうち中東の湾岸産油国とベネズエラからの輸入量の合計は二八〇万バレルで、輸入に占める割合は二四%である。

オバマ大統領は「一〇年以内に中東、ベネズエラからの輸入量以上の石油を節約する」と謳っている。この目標には石油の安定的な供給と消費の削減という二つの意味がある。

米国は長年にわたって石油の輸入依存度を五割以下にすることを安全保障上の重要な政策目標としてきた。これは一九七七年に米国で最初の本格的なエネルギー政策を打ち出したカーター政権から変わっていない。輸入先はペルシャ湾岸地域から他の産油国へと分散が進められ、現在では同地域からの輸入は二割以下に低下している。

今回、大統領の演説に南米のベネズエラの国名が挙がったのには、過激な反米政策を打ち出すベネズエラのチャベス大統領への牽制がある。

グリーン・ニューディールではバイオ燃料への期待が強く、次のような内容が打ち出されている。

・二〇三〇年までに年間六〇〇億ガロン（日量三九〇万バレル）のセルロース系の次世代バイオ燃料を供給する。

・そのために税制を優遇する措置を導入する。

・二〇一〇年には五年以内に燃料に占める石油の割合を五％減らし、一〇年以内に一〇％減らすことを燃料生産者へ義務付ける。

・バイオ燃料の導入が環境破壊を招かないように持続的な可能性に配慮する。

米国では過去にも環境対策としてバイオ燃料のための減税（一ガロン当たり四五セント）や使用の義務が決められてきた。とくに、一九九〇年に「大気浄化法」が改正された際、環境基準として含酸素燃料（組成中に酸素を含む燃料。メタノール、エタノール、イソプロピルアルコールなどのアルコール燃料、MTBE〈メチル・ターシャリー・ブチル・エーテル〉などのエーテル燃料がある）の添加が義務付けられたため添加剤としてバイオエタノールとMTBEの使用が増加した。

米国の部門別液体燃料の需要

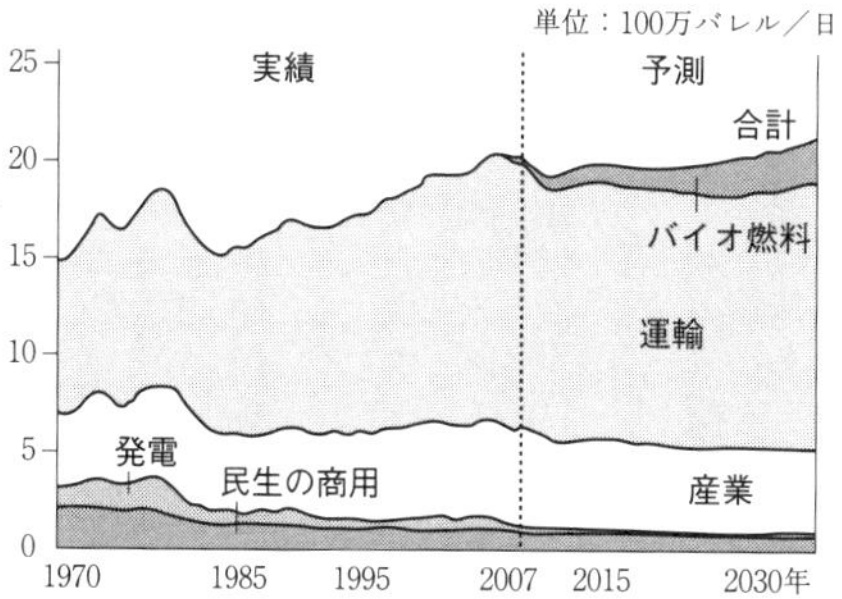

（出典）「2030年までのエネルギー予測」米国エネルギー情報局（EIA）、2009年4月

しかし、老朽化した給油所のタンクやパイプからMTBEが漏れ、水に溶けやすい特性により地下水に混合したためその発癌性が問題になった。そのため一部の州では使用が禁止された。バイオエタノールの使用が急増したのは、MTBEの代替物として使用されたためであった。アルコールの発熱量はガソリンの四分の三で、その分、燃料の使用量は増加する。

†米国のバイオ使用目標値は日本の石油消費量に相当

もともと米国ではバイオ燃料への関心が強い。ブッシュ前大統領は二〇〇七年の年頭教書で、二〇一七年までの一〇年間でガソリンの使用量を二〇％削減するとの目標値を打ち出していたが、このうち、一五％は代替燃料の使用によって、五％は自動車の燃費基準の引き上げによって達成するとしていた。

バイオ燃料の使用義務としては、年間三五〇億ガロン（日量二三〇万バレル）の目標値を打ち出した。このうち、一五〇億ガロンは既存技術のトウモロコシによるエタノール、二〇〇億ガロンはセルロース系技術による次世代エタノールとした。

自動車王国の米国では、石油の消費量の五割（日量九〇〇万バレル）がガソリンである。オバマ大統領は次世代エタノールの使用量を二〇三〇年までに年間六〇〇億ガロン（日量三九〇万バレル）に引き上げた。既存の技術によるエタノール一五〇億ガロンと合わせると、エタノールの目標数値は七五〇億ガロン（同四九〇万バレル）となる。これは日本の全石油消費量に等しい。

もともと、米国ではエタノールを一〇％混合した「E10」が広く販売されていた。価格がガソリンより一割程度割安であったことも消費者にE10の使用を受け入れさせた。エタノールの生産量は順調に伸び、二〇〇九年七月には日産七三万バレルと過去最大量になった。

一方、生産量の増加とともにバイオ燃料の問題点も徐々に明らかになってきた。まず、原材料費が高騰した。エタノールの原料はトウモロコシとサトウキビである。いずれも原料の糖、デンプンの発酵によって製造する。廃材や木屑やトウモロコシの茎などに含まれるセルロースを熱や菌で分解して製造する次世代エタノールは、まだ実証段階にあって商業生産は二〇一〇年以降になる。

米国では、農業団体が不安定な穀物価格の変動を回避するために、エタノールの製造にトウモロコシを使用することを積極的なロビー活動によって政府に要請してきた。

トウモロコシを原料とした場合、一ブッシェル（九・三ガロン）から二・八ガロンのエタノールが製造できる。農業団体の目論見は当たって、エタノールの生産量が増加するとともにトウモロコシの価格が急騰した。二〇〇五年に一ブッシェル二ドル前後であった価格は、翌二〇〇六年には四ドル前後と倍増した。原油の価格が史上最高値を示した二〇〇八年七月には最高値の七・七ドルに到達した。その後、価格は四ドル前後に戻っている。

燃料としてのエタノールの価格は二〇〇五年に一ガロン＝一・二ドルであったが、翌二〇〇六年には四・三ドルと急騰、それ以降は下落して一・七ドル前後にとどまっている。エタノールのコストの八割は原料費である。そのため、原料であるトウモロコシの価格が高騰するとともに製造コストも上昇した。

エタノールの原料粗利益指数を見ると二〇〇六年七月の三・四ドルを最高にその後は下

落して、トウモロコシの価格が最高値に達した時点では一〇セント程度になってしまった。製造過程で燃料として使用される天然ガスの価格も原油の価格に連動して上昇したため、燃料費やその他のコストを入れるとエタノールの製造は赤字になってしまった。現在、この指数は五〇セント前後を示している。

このためエタノールを製造する企業の収益は急速に悪化して、米国で業界第二位のベラサン・エナジー（日産五万バレル）は破産法の適用を申請したのち、石油の精製会社バレロ・エナジーに吸収された。ただ、この倒産は、トウモロコシを高値で購入予約したものの価格が下落して資金の手当てがつかなくなったのが主因であった。

†バイオ燃料の問題点——食糧価格の高騰、森林破壊、排出ガス

米国では二〇〇〇年にエタノールの製造に回されるトウモロコシは生産量の六％に過ぎなかった。しかし、二〇〇九年にはその比率は三九％まで上昇した。その結果、トウモロコシの価格が高騰した。また、大豆から高値になったトウモロコシへと作付が変更されたため、大豆の生産量が少なくなり価格が上昇した。ブラジルではサトウキビの生産量の五〇％以上がエタノールの製造に回された。

また、サトウキビの作付面積を拡大するためにアマゾン川流域の森林が耕地化され、森

林面積は、年間一万二〇〇〇平方キロ（新潟県と同面積）の減少を続けている。環境対策のために使用が勧められているバイオ燃料が食糧の価格を引き上げて森林の破壊を引き起こしているのである。解決策としてはセルロース系エタノールへの転換であるが、製造技術がまだ確立されず商業段階に至っていない上、生産を持続させるだけの廃材や木屑が継続的に供給できるかどうかという課題がある。生産能力も、予測では二〇一五年に二・五億ガロン（日量一・六万バレル）程度で、これは生産目標値の数％に過ぎない。

環境問題としては、排出ガスの問題もある。欧州の一部で使用され、今後、普及が期待されているエタノールの含有率が八五％の「E85」は、ガソリンに比べ二酸化炭素の排出量は七〇％と少ないものの、二酸化炭素の三〇〇倍の温暖化効果を持つ亜酸化窒素の排出量は二倍である。

米国のバイオ燃料の使用が、目標通り現在の生産量の八倍まで増加すれば、これに伴う食糧価格の高騰、森林の破壊、温暖化の要因になる排出物が新たな問題となるだろう。

3　環境問題と新技術

†省エネルギー

　省エネルギー促進は、地味ではあるが最も効果が期待できる政策である。家屋への断熱材の取り付けや二重ガラス窓への改造は、ローテク的な既存技術であるがコストは割安でその効果は高い。米国では、かつてはエネルギーの大量消費こそが文明を支える主軸であるとされ、省エネルギーへの関心は薄かった。しかし、現在の政策では具体的な省エネルギーの対策が数多く挙げられている。次の諸策の実施によって二〇二〇年までにエネルギー消費を一五％減少するとしている。

・連邦政府の建物を新築する場合、エネルギー効率を四〇％向上させて二〇二五年までに全ての施設でゼロエミッション（廃棄物ゼロ）を達成する。
・既存の政府施設で五年以内にエネルギー効率を二五％向上させる。
・二〇三〇年までに全ての新築住宅をカーボンフリーにする（カーボンフリーとは高い断

熱性と気密性を持つ住宅に太陽光発電や太陽熱温水器や燃料電池などの機器を組み合わせて、排出される温暖化効果ガスを実質的にゼロにすることである)。

・一〇年以内に新築住宅のエネルギー効率を五〇%、既存住宅の効率を二五%向上させる。

・一〇年間で一〇〇万戸の低所得者用の住宅を、断熱性の向上によって省エネルギー住宅にする。

・建物と機器の基準を厳密にして機器の省エネルギー基準を改善する。

・二〇一四年までに白熱灯を廃止する法律を制定する。

†スマートグリッド

スマートグリッドとは「知的送電線」と訳される、通信と制御システムを組み込んだ送電線網のことで、グリーン・エネルギー政策の主柱となっている。米国の電力分野は、自由化によって発電部門への新規参入が増え発電量は増加した。また、利益率が高いため発電所へは継続的な投資が行われていた。しかし、利益率が低い送電部門への投資は少なく、設備は老朽化して送電能力の不足が発生するなどインフラの整備が遅れていた。そのため、しばしば大停電が発生し、その改善が課題になっていた。

二〇〇三年八月、米国の東部からカナダ一帯にかけて発生した北米大停電は、電力系統の監視装置の不都合から送電システムが次々に連鎖反応を起こして停止したために発生した。六〇〇〇万キロワットの、三六時間の給電停止は五〇〇〇万人に影響を与える史上最大のものとなった。そのため、今回のエネルギー政策では最重要な課題の一つとして送電部門の改革が打ち出されたのである。

スマートグリッドの大きな特色は二つある。一つは、電力の供給側と需要側の情報を把握して電力の需要量と供給量を管理することである。具体的には、電力の需要量に対して供給量が不足すると余剰がある地域から回送したり、停止している揚水式の水力発電所を稼働して不足する地域へ送電したりする。そのためには、供給側と需要側の情報を中央の給電指令所に集中し、電力を制御し管理するシステムを作り上げることが必要となる。

もう一つは、今後、増加する見込みの、再生可能なエネルギーで作られる電力を受け入れるための新システムと送電線の建設である。再生可能なエネルギーで作られる電力は、風速や日照時間の変化などの気候的な要因によって発電量が頻繁に、かつ急激に変化する。つまり、あまり質の良くない電力である。この変動する電力を受け入れるためには、発電量や受け入れ状況を示す詳細な情報とそれを制御するシステムの開発が必要となる。

新規の発電施設が完成しても、近くに基幹送電線がなければ電力を消費地に送ることができない。新政策では新規に四八〇〇〇キロメートルの送電線を建設する計画がある。米国には三〇〇〇社以上の電力会社が群立しているが、地域ごとにブロックを形成していて他のブロックへ縦貫的、横断的に電力を送る能力が低い。新政策では、このブロックと州を超えて送電する能力を高めることが計画されている。

また、プラグイン・ハイブリッド車の電池を利用して、夜間に風力で発電した電力を蓄電し、昼間の電力使用のピーク時に放電するシステムを開発することも課題となっている。スマートグリッドは、その言葉の曖昧さから内容が把握しにくい面があるが、完成すれば省エネルギーと並んで新政策の中で最も効果的な施策となるだろう。

†プラグイン・ハイブリッド車

プラグイン・ハイブリッド車は、ハイブリッド車の電池容量を増してモーターでの走行をより多くするもので、純粋な電気自動車ではない。モーターに加えて通常のエンジンも搭載している。電池で走行できる距離を超える時は、エンジンを使用して走行する。エンジンを直接使用して走行する方式と、エンジンで発電してモーターで走行する方式が考えられている。

プラグインとは、自宅でもガソリン・スタンドでもコンセントに繋ぐだけで充電ができるという意味である。充電のための電力は、風力などの再生可能エネルギーで賄うことが計画されている。現行のハイブリッド車が電気で走行できる距離は一〇キロ程度に過ぎない。プラグイン・ハイブリッド車で三〇キロの距離を走るためには、現在の五倍程度の電池性能が必要である。したがって、現行のハイブリッド車に搭載されているニッケル水素電池から一世代進んだリチウム・イオン電池の開発がプラグイン・ハイブリッド車の普及の鍵となっている。燃費は最新の日本製プリウスⅢ型で一リットル＝三八キロのところ、米国のプラグイン・ハイブリッド車の目標は一リットル＝六四キロと倍増している。

エンジンの燃費基準も見直しが行われている。日本の二〇一五年の燃費基準では乗用車で一リットル＝一六・八キロ、二〇〇九年五月に発表された米国の基準では二〇一六年までに乗用車で一リットル＝一七キロと、ほぼ同じである。オバマ大統領は「これによってサウジアラビア、ベネズエラ、リビア、ナイジェリアからの輸入量より多い一日当たり四九〇万バレルの石油が節約される」と述べている。実際、ガソリンは燃費基準に合わせて消費量が減少する。米国の石油消費の五割を占めるガソリンの消費量を減らすのには燃費効率の引き上げが最も効果的な施策である。

また、出力二〇キロワットで八〇万円するリチウム・イオン電池が改良されてコストダウンに成功すれば、走行に必要な電気代はガソリンのわずか一割程度に低下する。今後の高性能電池の開発、プラグイン・ハイブリッドカー一〇〇万台の普及は、米国だけでなく世界の自動車産業を大きく変える可能性がある。

ただ、プラグイン・ハイブリッド車、次世代エンジン、次世代電池の開発は巨額の費用がかかる。車の販売が低迷して厳しい経営状況にある米国の自動車産業の再生の中で、この開発費は大きな負担になることが懸念されている。

米国の自動車産業は、直接の雇用が一四〇万人、関連産業の間接的な雇用を含めると六八〇万人の雇用人口を抱える国内最大の製造業であり、流通業でもある。この自動車産業がガソリン価格の上昇と金融危機のダブルパンチによって危機に陥っている。これらの外的要因に加えて、米国の自動車産業は車の燃費効率の悪さや割高な労務費などの内的要因によって日本、欧州、韓国車との競争力を落としていた。米国の自動車産業の雄であったゼネラルモーターズの経営破綻は、米国経済に衝撃的な影響を与えた。

ここで、オバマ大統領は米国の基幹産業である自動車の再生をプラグイン・ハイブリッド車の普及に賭けたとも言える。ガソリンエンジン車の競争力をリセットして、米国が得意とする新技術の開発によって自動車産業の再生を図ろうとする大戦略である。プラグイン・ハイブリッドカーの開発と導入と普及は、エネルギーと自動車の再興をかけた米国のダブルカードである。

†環境問題――温室効果ガスへの取り組み

温室効果ガスの削減は、グリーン・ニューディールの最大の特徴の一つである。温室効果ガスの排出量を二〇二〇年に一九九〇年水準にまで下げ、二〇五〇年にはそれより八〇%削減するとの目標値は、米国の産業構造を大転換させる可能性がある。

前ブッシュ政権は二〇一二年に約束期間を迎える京都議定書から脱退していた。この議定書では、米国は温室効果ガスの排出量を一九九〇年基準から七%削減することになっていた。脱退の理由は、わずか五年間の約束期間での削減は、米国の経済を悪化させると判断したためであった。基準年の一九九〇年から二〇〇七年の間に米国の排出量は一七%増加した。

世界最大のエネルギー消費国である米国が議定書を批准しなかったため、新興のエネルギー大消費国である中国とインドもこれにならうことができた。米国、中国、インドの二酸化炭素の排出量は合計で世界全体の四割を超えている。これにアジア、中東、アフリカの削減目標を課せられていない国々の排出量を加えると、世界で六割の排出量が無規制で放置されたままの状態にある。これが京都議定書の大きな問題点であった。米国の離脱は議定書そのものの空洞化の主因となっていた。

オバマ大統領は二酸化炭素の排出量の目標値を明示した。排出量規制への米国の参加によって世界の温室効果ガスの削減問題は大きく前進する可能性が出てきた。また、排出権取引を連邦レベルで促進するための体制も整備が行われている。これは企業に規制される排出枠の余剰分と不足分の売買を認めることによって排出量の規制を図ろうとするものである。排出権の取引は一〇年間で六五〇〇億ドルの収益を生じるとの試算もある。その利益の大部分はエネルギー部門へ再投入される予定である。

新政策はまだ流動的であって実現性が不透明な部分もあるが、米国を炭化水素エネルギーの多消費社会から再生可能なエネルギーを活用する社会へと変化させる大きな可能性を秘めている。さらに、住宅の断熱化と公共建物のエネルギー効率の向上、電気機器の効率化と送電線網の改善は米国を確実に「省エネルギー社会」へ変えることが期待できる。オバマ大統領の言う「米国史上初の国家政策」が歩み出している。

二〇〇九年一二月、デンマークのコペンハーゲンでポスト京都議定書を取り決める国連の気候変動枠組み条約第一五回締約国会議（COP15）が開催された。会議の結果は、コペンハーゲン合意としてまとめられたが、この合意案には一部の発展途上国が反対した。そのため採択は全会一致が原則であるため、賛成国のみに合意の効果が及ぶとの条件付きの「合意に留意する」との形で決着した。

合意では、産業革命以降の気温の上昇幅を二度以内に抑えるとの長期目標を掲げている。また、賛成国のうち、先進国は二〇一〇年一月末までに、二〇二〇年までの温室効果ガスの削減目標を条約事務局に提出することになった。この合意の問題点は、京都議定書の期限となる二〇一三年以降の新たな法的枠組みが採択されなかったことと、削減目標に法的拘束力を持たせるかどうかも決められていないことである。

4　背景としての米国のエネルギー事情

†安全保障としての石油の輸入依存度

米国は世界最大のエネルギー消費国である。その規模は石油換算で日量四六〇〇万バレルと、世界の二割を消費する。米国のエネルギー供給は、多い順に石油（四一％）、ガス（二五％）、石炭（二四％）、原子力（八％）、水力（二％）となる。炭化水素系エネルギーが全体の九割を占めている。

極論すれば米国の社会は炭化水素の海、石油の潮の上に浮かんでいる船である。ちなみに、エネルギー消費国としての順位は、米国に続いて中国、ロシア、日本、インドとなっている。この五カ国で世界の半分以上のエネルギーを消費している。

米国は中東が大産油地帯になる前は世界最大の産油国であった。現在でも原油の可採埋蔵量は三〇〇億バレル、生産量は日産七〇〇万バレル弱、可採年数は、過去数十年にわたり、一〇年前後を示している。一般的には可採年数が一〇年を割ると可採埋蔵量は急激に減少すると言われている。しかし、米国では現在も数多くの石油会社が探鉱作業を続けて新規の埋蔵量を発見し続けている。つまり、米国は成熟した産油国ではあるが、活発な探鉱作業によって、減少する可採埋蔵量を新規発見量が補っている状況にある。

一方、石油の消費は日量一九〇〇万バレルである。この消費量と生産量との差が石油の輸入となっている。石油の輸入量は日量一二〇〇万バレル前後で、輸入依存度は六三％に達している。歴代の政権がエネルギー政策として石油の輸入依存度を五割以下にすることを掲げてきたが、現状はその目標数値を大幅に超えてい

米国の原油・製品主要輸入相手国（2009 年）

順位・国名	万バレル／日	輸入比（%）
①カナダ	246	20.6
②メキシコ	124	10.4
③ベネズエラ	108	9.1
④サウジアラビア	101	8.5
⑤ナイジェリア	80	6.7
⑥ロシア	56	4.7
⑦アルジェリア	49	4.1
⑧アンゴラ	46	3.9
⑨イラク	45	3.8
⑩英国	25	2.1
米国の輸入量計	1190	100

（出典）米国エネルギー情報局（EIA）

る。

過去、米国は石油の輸入相手国を慎重に選別してきた。輸入が途絶する可能性が高い湾岸産油国からの輸入量を合計で二割以下と低く抑え、カナダ、メキシコ、ベネズエラなど、隣国あるいは距離的に近い国々からの比率が高くなっている。

†原油の価格に影響を与えるメキシコ湾岸の産油地帯

主要先進国でのエネルギー消費全体に占めるガソリンの消費比率は二〜三割台である。しかし、米国ではガソリンの消費が全体の五割と圧倒的に多い。そのため新エネルギー政策ではこのガソリンの消費量に焦点が当てられた。

石油に関するもう一つの米国の特殊事情は精製能力にある。米国の精製能力は日量一七六〇万バレル、近年、この精製能力はほとんど増えなかった。その背景には、一九八〇年代に精製能力が現在よりも一〇〇万バレル以上も多く、精製会社は能力の過剰に陥っていたことがある。そこへ、一九九〇年代以降、大気汚染法や石油汚染法などの環境関連の法律が次々に施行されて、精製会社はそれに対応するための投資に追われた。この環境規制とそれに対応する投資の増加は、精製会社を硫黄分の少ない軽質原油に向かわせた。メキシコ原油のような重質油に対応する精製施設の増設は見送られる一方、非効率な旧式の小規模製油所は閉鎖されていった。同時に、厳しい環境規制は製油所の増設の認可を困難にさせた。今後、新規の設備が稼働するのは二〇一二年以降になると見込まれている。

そのため、精製会社は限られた精製能力を有効に使用して、利益率を上げるために石油製品の在庫量を極限まで減少させ、製油所の操業率を上げることに努めた。操業率は九割を超えていた。

このような環境にあるメキシコ湾岸の石油産業を大型のハリケーンが襲った。ハリケーンは原油の生産プラットホーム、パイプライン、港湾の陸揚げ施設などを破壊した。原油の生産量は通常の一割程度までに低下した。この地域の生産量は米国全体の約三割を占めている。

また、製油所も同様の被害を受け、石油製品の生産量が低下した。製品の供給量の減少は在庫が極少化されていたため、直ちにガソリンの価格を押し上げた。

メキシコ湾岸の生産施設が操業停止になった場合、まず、隣接するメキシコから原油を充当するのが対応策となる。しかし、メキシコ産の原油は重質で、製油所はそれを処理する能力が小さかった。必然的に米国内陸部の伝統的な油田地帯で生産されている軽質のWTI原油が、代替として購入された。需要の増加とともにその価格は上昇した。

北海のブレント原油と中東原油の価格もこれに引っ張られて高騰した。まさに「風が吹けば桶屋が儲かる」式のサイクルが価格の高騰を招くことになったのである。この構造には現在も変化はない。メキシコ湾でハリケーンや洪水や製油所の事故が発生した場合には、いつでも原油の価格に影響を及ぼすことが考えられる。この精製能力とWTI原油との連結が米国の石油産業の一つの特色になっている。

天然ガスの輸入依存度は一割程度で、輸入先はパイプラインで結ばれたカナダであるため、安全保障上、大きな問題はない。また石炭の確認埋蔵量は世界の三分の一、二四〇〇億トンもある。可採年数は二〇〇年以上になる。米国は埋蔵量、生産量、消費量も世界一の大石炭国である。

しかし問題は、石炭のエネルギーに占める割合が二割、発電エネルギーの割合は五割と高いことである。石炭は、燃焼すると環境に影響する物質の排出が他の炭化水素と比較して多い。米国が環境と取り組む際には、この石炭の使用量の大きさが課題になってくるだろう。

第６章

日本のとるべき石油戦略

1　石油に代替するエネルギーは天然ガス

天然ガスとは

第一次石油危機が発生した一九七三年の時点で、石油が日本のエネルギーに占める割合は七七%であった。その後、脱石油のスローガンの下、石油の割合は年々減少し、二〇〇八年には四四%にまで低下している。一方、石油危機にはわずか二%に過ぎなかった天然ガスの割合は一七%にまで増加した。

日本のエネルギー政策では天然ガスと原子力を石油の代替エネルギーと位置付けている。その割合は、二〇三〇年にはそれぞれ二二%と一五%になると想定されている。つまり、エネルギーの三分の一以上は天然ガスと原子力で賄われることになる。

天然ガスの主成分はメタンである。一キログラム当たりの発熱量は石炭の六〇〇〇キロカロリー、石油の九〇〇〇キロカロリーと比較して一万三〇〇〇キロカロリーと圧倒的に大きい。燃焼した場合、硫黄酸化物（SO^{x}）は発生しない。また、二酸化炭素（CO^{2}）

世界の天然ガス生産量と埋蔵量（2008年）

順位・国名	生産量（億CFD）	埋蔵量（TCF）	可採年数（R/P）
①ロシア	582（19.6%）	1529.1（23.4%）	72.0
②米国	563（19.3%）	237.7（3.6%）	11.6
③カナダ	169（5.7%）	57.7（0.9%）	9.3
④イラン	112（3.8%）	1045.7（16.0%）	*
⑤ノルウェー	96（3.2%）	102.7（1.6%）	29.3
⑥アルジェリア	84（2.8%）	159.1（2.4%）	52.1
⑦インドネシア	67（2.3%）	112.5（1.7%）	45.7
⑧英国	67（2.3%）	12.1（0.2%）	4.9
⑨オランダ	65（2.2%）	49.1（0.8%）	20.6
⑩トルクメニスタン	64（2.1%）	280.6（4.3%）	*
生産量上位10カ国	1869（63.0%）	3586.4（54.9%）	
全世界	2965（100.0%）	6534.0（100.0%）	

（注）億CFD＝日産億立方フィート、TCF＝兆立方フィート、天然ガス6000立方フィート＝石油1バレル、＊＝可採年数100年以上、埋蔵量＝カタール899TCF、サウジアラビア267TCF、UAE227TCF、ナイジェリア184TCF
（出典）BP統計2009

の発生は石油より三割程度少ない。

その埋蔵量は石油と同様に偏っている。埋蔵量を持つ主な国はロシア、イラン、カタール、トルクメニスタン、サウジアラビアの順で、この五カ国で世界の六割以上を占めている。主要生産国は、ロシア、米国、カナダ、イラン、ノルウェーの順で、この五カ国で世界の五割以上になる。可採年数は六三年で、石油の四二年に比べて二〇年程度多い。

この他に非在来型の天然ガスとしてタイトガス、コールベルトメタン、シェールガスがある。タイトガスは在来型のガスと同じように砂岩層の中に埋蔵されている。コーンベルトメタンは石炭層の中の孔隙中にある。シェールガスは頁岩中に埋蔵されている。

いずれのガスも浸透性が悪く地層内を流れに

くいために回収率が低く、コストが割高になるので今まで開発の対象にならなかった。近年、この回収率を上げるため、水圧破砕で層内にフラクチャリング（割れ目）を作り水平に坑井を設置する技術が考案され、米国を中心に開発が進んでいる。

これらの非従来型のガスの埋蔵量は従来型のガスの五倍、石油換算で五・四兆バレルにもなると推測されている。埋蔵地は北米、旧ソ連、アジアとほぼ世界に広がっている。開発を阻害していた発見・開発コストは一〇〇〇立方フィート当たり二～三ドル、原油の価格に合わせて天然ガスの価格が同七～一〇ドルへと上昇したため、米国を中心に急激に開発が進んでいる。

†天然ガスの利用を拡大した液化技術

天然ガスを摂氏マイナス一六二度まで冷却すると液体になる。この時、ガスの体積は六〇〇分の一に縮小するため、その保存と運搬が容易になる。一九五七年、液化天然ガス（ＬＮＧ）を米国から英国へ大西洋を越えて運ぶ実験が行われた。貨物船に魔法瓶状の保冷タンクが取り付けられ、その中にＬＮＧが入れられた。

この実験は成功して、その後、船体に丸い魔法瓶式のタンクを搭載したＬＮＧ船が建造されるようになった。一九六四年にはアルジェリアにガスの液化プラントが完成して英国とフランスへLNGの供給が始まった。この事業の成功によってガスを石油のように船で輸送することが可能となった。

LNGの市場は欧州、米国、日本、韓国、台湾を中心に拡大して、最近では、新興工業国である中国とインドも輸入を開始した。LNGの輸出量は二〇〇八年で年間八兆立方フィート、石油換算では日量三六五万バレルに相当する。生産が多いのはカタール、マレーシア、インドネシア、アルジェリア、ナイジェリア、豪州の順である。世界では一五カ国で生産が行われている。LNGの輸入国は日本、韓国、スペイン、フランス、台湾の順となっている。

日本の輸入量は三兆二五〇〇億立方フィートで、石油換算では日量一五〇万バレルに相当する。持ち込まれたLNGは主として発電と都市ガス用に使用されている。なお、日本は先進国中、国内を貫くガスパイプラインが発達していない唯一の国である。そのため天然ガスの市場はLNGの受け入れ基地（港）を中心にしたそれぞれが独立した半円形になっている。

天然ガスは古くて新しいエネルギーである。昔から燃料や化学製品の原料として使用されてきたが、新エネルギーの分野では人造石油（GTL）や燃料電池などへの使用が期待されている。探鉱と開発の技術は石油と同一でほぼ完成されている。

†太平洋沖合に眠る燃える氷――メタンハイドレード

日本の太平洋側、静岡県の沖合にメタンハイドレードが眠っている。メタンハイドレードとは、水分子の格子の中にメタンの分子が取り込まれた氷状の物質である。この物質は実験的には生成されていた。しかし、自然界ではシベリアの永久凍土の中で発見されたのが一九六七年と、比較的最近のことであった。海底下での発見はそれより一〇年後の一九七七年のことであった。

一立方メートルのメタンハイドレードの塊が分解すると、一七三立方メートルのメタンガスと〇・八立方メートルの水になる。メタンは我々が都市ガスとして使用している天然ガスの主成分である。このため氷状の固体であるメタンハイドレードに火をつけると都市ガスのように青白い炎を上げて燃える。このメタンは地層内に堆積した動物や植物の遺骸である有機物が熱とバクテリアによって分解されて蓄積されたものと推測されている。これが熱分解起源によるメタンの生成説である。

メタンハイドレードが天然に存在するためには、低温と高圧の特殊な環境が必要である。その環境の条件は、常気圧下で摂氏マイナス八〇度以下、一〇気圧下ではマイナス三〇度以下、五〇気圧下では六度以下、一〇〇気圧下では一二度以下である。

陸上では永久凍土層の地下数百メートルがこれらの条件を満たす。カナダの北極海に面したデルタ地帯ではメタンハイドレードの埋蔵が確認されている。海洋では深海がその条件に適合する。五〇気圧は水深約五〇〇メートル、一〇〇気圧は水深約一〇〇〇メートルの地点になる。この水深で温度が六度から一二度以下になるとメタンハイドレードが生成する条件が整う。しかし、海底下の地層が深くなるほど地球の中心に向かうことになり地温はマグマのために上昇する。このため、メタンハイドレードの生成条件としては海底下五〇〇メートルより浅い地層が適することになる。

炭化水素が燃焼する時に排出される二酸化炭素（CO^2）の量は、石炭を一〇〇とした場合、石油は八〇、メタンは五七である。窒素酸化物（NO^x）は同じく石炭を一〇〇とすると石油は七〇、メタンは四〇である。硫黄酸化物（SO^x）を見ると石油は七〇、メタンは〇となり、この面ではメタンはクリーンなエネルギーである。しかし、メタンの温暖化係数は二酸化炭素の二三倍もあるため、メタンハイドレードを地底や海底から生産する際にはメタンを大気中に放出させないことが必要となる。

†日本近海の埋蔵量は二〇〇年分？

一九九九年、メタンハイドレードの埋蔵を示す地震探査のデータが静岡県の沖合で得られた。このため、石油公団が静岡県の御前崎沖合五〇キロメートル、水深一〇〇〇メートルの「東部南海トラフ」で試掘を行った。

同じ時期に東海沖から熊野灘の海域二〇〇〇平方キロに三次元の地震探査が実施され、海底の地層を立体的に把握するデータが取得された。対象となった南海トラフはフィリピン海プレートがユーラシアプレートにもぐり込んだ地層の境目で、地震の震源として知られている。

そのあと、二〇〇一年には国家プロジェクトの「メタンハイドレード開発計画」がスタートした。東海沖から熊野灘にかけての海域で約三〇坑の試掘井が掘削された。詳細なメタンハイドレードの分布の状態を調査するのが目的であった。この計画では二〇一六年までにメタンハイドレードを商業的に生産する技術を確立することが目標とされている。

試掘井の掘削を行った結果、御前崎沖の東部南海トラフに存在するメタンハイドレードの原始埋蔵量、すなわち地層内に存在する全量は四〇兆立方フィートで、このうち、生産性の高い埋蔵量は二〇兆立方フィートと推測された。さらに、熊野灘から九州沖にかけての西部南海トラフの地震探査データでは、東部南海トラフの約一〇倍の面積にメタンハイドレードが埋蔵されている兆候が示されている。また、日本海の佐渡南西沖合でも、海底面付近でメタンハイドレードの存在が確認されている。

これらを総合的に見て、日本周辺にあるメタンハイドレードの埋蔵量は二六〇兆立方フィート、石油換算では四三〇億バレルに相当すると推測されている。これは日本の天然ガス消費量の二〇〇年分以上になる。世界全体では正確な埋蔵量は算出されていないが、六四〇〇兆立方フィート、石油換算では一兆バレルに相当する埋蔵量と推測されている。

日本近海のメタンハイドレード埋蔵海域

（出典）メタンハイドレード資源開発研究コンソーシアム（MH21）他を参考に作成

メタンハイドレードの生産には埋蔵層に水蒸気、温水などを圧入して分解したメタンを回収する「加熱生産法」、坑井内の圧力を下げて分解して回収する「減圧生産法」、メタノールなどを坑井から圧入して分解を促進させ回収する「分解促進剤圧入生産法」などの方法がある。現在、コストと安全性と生産性を比較した研究が行われている。

メタンハイドレードは、日本の海岸線から沖合わずか五〇キロメートルの海底にある天然のエネルギー貯蔵庫の中に眠っている。今後、安全性と海底の環境保全と生産コストを考慮した生産技術が開発されれば、石油と天然ガスに次ぐ、次々世代の国産クリーンエネルギーとなる可能性がある。

2　資産評価を間違えた石油公団問題

†大臣による告発と難解な石油開発のプロセス

一九九八年、前通商産業大臣の堀内光雄氏が月刊誌「文藝春秋」に、「通商産業省の恥部石油公団を告発する」という記事を発表した。同氏は一九九七年九月に大臣に就任して以来、一一ヵ月の在任中、通商産業省の監督下にある石油公団の財務事情を精力的に調査して、国会とマスコミを通じて石油公団の廃止を主張し続けた。

告発記事のポイントは、「創設以来、石油公団は一兆七〇〇〇億円の資金を石油開発へ投入したが、一兆三〇〇〇億円の巨額の不良債権を抱え、今後もその損失額は増加する」というものであった。

そしてこの堀内前通産大臣の告発によって、石油公団は二〇〇五年に解体された。しかし石油公団の廃止から五年経った現在、石油専門家の間では、「石油公団は保有資産が数千億円という優良公団であった」と評価されている。なぜ「通商産業省の恥部」「税金吸いこみの魔物」と前担当大臣に告発された石油公団が、清算してみれば資産が黒字であったのか。

石油開発では、初期の作業として探鉱段階がある。これは地層のデータを解析して原油が溜まっている部分（構造）を探す作業である。

試掘井を掘っても原油やガスが発見されなかった場合は失敗プロジェクトとして会社が清算される。石油の開発ではプロジェクトごとに会社が設立される。これはエクソンやシェルなどのメジャーでも同じである。

例えば、メジャーのA社（本社）がインドネシアで探鉱を行う場合には、プロジェクトの実施会社であるインドネシアA社を、アンゴラではアンゴラA社を設立する。したがって、A社の下には数十のプロジェクト会社の社名が並ぶことになる。プロジェクト会社の役員と社員は本社から出向してプロジェクト会社の帽子を被る。オペレーターでなくノンオペレーターとして参加したために仕事量が少ない場合は、二、三のプロジェクト会社を掛け持ちする役員や社員もいる。

石油の開発で埋蔵量を発見するのにはリスクがある。探鉱をして生産に至ることができるプロジェクトの成功率（確率）は一〇％程度である。失敗プロジェクトへ投資した損失分をも埋め合わせることができるものが優良プロジェクトである。石油開発では失敗分をカバーする資金力と埋蔵量の発見が必要なのである。

プロジェクトごとに会社を設立するのは、失敗した場合には投資した資金を損金に計上して税制上の処理をし、成功した場合には利益を計上するのに経理と税務上それが最も有利なためである。この方法は石油開発の分野では国際的に最も一般的な事業形態になっている。

†石油公団の機能とは

石油公団は民間の石油開発を資金的に支援する機能を持っていた。石油公団が支援していたのは、原油や天然ガスを発見するリスクがある探鉱段階であった。この段階で必要な事業費用の七～八割が石油公団の出資と融資によって支援されていた。助成された石油公団の資金は、事業が成功した場合には出資分は配当で、融資分は金利をつけて返済される。失敗した場合は返済が免責された。

このようなリスク付資金の支援組織は先進国では珍しく、日本の他には、かつてドイツのデミネックス（現在は廃止）と韓国石油公社（活動中）があるだけであった。

では、なぜ日本にこのような組織が創られたのであろうか。それは、石油開発の歴史が他の先進国と異なるためであった。すでに述べたが、米国では一五〇年以上前から石油開発が国内で行われて、メジャーをはじめ多くの石油会社が活動している。

欧米のメジャーや中堅の石油会社は、探鉱に必要な資金を事業の蓄積から捻出することができた。現在、エクソン、BPなどのメジャーは純利益だけで数兆円を計上している。新規の投資資金を十分に自己調達することができるのである。

世界の有望な鉱区はすでにメジャーの手中にあったが、日本は政策として、海外で開発して輸入する原油の比率を輸入量の三割とする目標を掲げた。日本の企業の最大の問題であったリスク資金の供給のために、石油開発公団（後の石油公団）が設立された。事業の主体はあくまでも民間の石油開発会社であって、石油公団はその資金を助成する支援機関であった。この点が、直接、事業を行う海外の国営石油会社と大きく違っていた。

†資産＝簿価累損＋残存資産

二〇〇五年三月、石油公団が解体された時、帳簿上の累損は五二四〇億円であった。この数値を見れば大赤字公団である。しかし、石油公団はいくつかの成功プロジェクト（会社）を持っていた。その主なものは、「国際石油開発」「石油資源開発」「三井石油開発」「出光スノーレ」「サハリン石油ガス開発」など数十社であった。資産は保有する株式である。株式は簿価でなく時価がその時点の価値を正確に表す。株式の時価はその会社が上場されている場合は市場で評価されるが、石油公団の出資会社は全て未上場であった。

未上場の場合、株式の時価はその算出が難しく、通常は、投資額や操業費や今後の収入、埋蔵量、原油の価格などを試算したあと、現在価格に割り戻して評価するキャッシュフロー分析が用いられる。石油開発の企業評価では原油の価格と埋蔵量と為替がポイントである。石油公団問題が起こった一九九八年、価格は過去二〇年来の最低値である一バレル＝一一ドルを示していた。この価格では、メジャーが保有するプロジェクトでも大部分がコストを割って赤字の状況にあった。

翌年の四月、通商産業省は二〇二〇年までの石油公団のキャッシュフロー分析を実施して、公団の財務状況を発表した。この分析の前提条件としてはいくつかの原油の価格と為替を組み合わせた数値が用いられた。その結果、石油公団の最終損益はマイナス二四九〇億円からプラス三七六〇億円の間、その中間値はプラス六三五億円と出た。しかし、この数値はマスコミからは言い訳的な杜撰な試算だと批判された。

二〇〇三年、石油公団が株式の六五％を保有する「石油資源開発」が東証第一部に上場され、石油公団が保有する株式の一部が売り出された。二〇〇四年には石油公団が株式の五三％を保有する「国際石油開発」も上場されてその株式の一部が売り出された。この株式の公開によって石油公団が保有する資産に時価がついた。また、その他に二五社の株式が入札によって売却された。これらの株式の売却によって石油公団の累損は減少し、マイナス四四〇〇億円と「残存資産」を加えたものになった。

石油公団の現資産は二三〇〇億円

では、この「残存資産」はどの程度なのか。二〇〇九年末現在の石油公団の残存資産は株の時価、未上場株の推定額、各社からの配当金を合計すると約六七〇〇億円となる。これらの株式は、現在、石油公団から譲渡されて経済産業省の保有となっている。この残存資産から帳簿上の累損四四〇〇億円を差し引くと、石油公団の損益はプラスの二三〇〇億円となる。また、毎年、数百億円の株式の配当が入っている。

石油公団の損益は、株価が高目であった二〇〇八年五月にはプラス八三〇〇億円を示した。しかし、米国のサブプライム問題を契機とする世界同時不況によって株価が大下落した後、資産は三分の一に減少した。公団の残存資産の価値は株価によって変動するのである。石油公団の最終的な損益は、現在、経済産業省が保有している株式を全て売却した時点で確定する。これが石油公団の清算の実態である。

では、なぜ、石油公団問題が起こったのか。投資損益の問題に絞れば、それは、既述したような石油事業の特性が理解されていなかったこと、告発側とマスコミを含む多くの人々に「簿価」と「時価」の区別など経済と経営に関する基礎的な知識が不足していたことがその原因であった。

石油を海外で開発する場合、その基本になるのは産油国との石油契約である。現在、世界で主流となっている生産物分与契約では、発見された地下の原油やガスの所有権は産油国のものとなっている。参入した海外の石油会社は生産物の引き取り権を持ち、これで投下した資本を回収して利益を得ることになっている。この将来にわたる引き取り原油量は、貸借対照表には資産として記述されない。

いくら貸借対照表、損益計算書を積み上げても資産の把握にはならないのである。そのためには、予想される引き取り量や原油の価格を見通したキャッシュフロー表を基に試算された株式の価値がその会社の評価になる。上場された会社の価値は市場が評価する。国際的には企業の評価は時価の時代である。

「国際石油開発」などの優良資産を持つ会社は、「簿価」と「時価」との間に大きな差があって、これらの含み資産は表に出ていなかった。「国際石油開発」の企業時価が上場された後、株価の低迷期にもかかわらず一兆円をはるかに超えていることを考えると、石油開発会社の資産評価には石油開発に関する基礎知識と経営面での専門的な知識が必要なのである。

また、特殊法人整理と改革の流れは大きな政治の潮流となっていた。通商産業省の内部でも、わが国に石油の開発が必要かどうかについて揺れていた。原油の価格は低迷していて石油は単なる商品に過ぎず、金を出せばいつでも自由に購入することができるとの考えが主流となりつつあった。

石油開発については、政策目標であった「自主開発原油比率三割」の数値は石油公団問題のただ中の二〇〇〇年には外された。しかし、原油の価格が上昇を始め、国際的に石油資源の獲得競争が激化した二〇〇六年に発表された「新国家エネルギー戦略」では再び自主開発原油の比率目標が打ち出され、その値は四割まで引き上げられた。石油公団の廃止からわずか一年後であった。石油を取り巻く状況と環境によって国のエネルギー政策がぶれていたのである。

†戦略なき処理

政府は石油公団の資産処分を二〇〇五年三月の廃止までと期限と定めた。この後、原油の価格は高騰を続けて、二〇〇八年七月には、過去最高値の一四〇ドル台まで上昇した。二〇〇四年中に売却された公団資産は約三三〇〇億円で、その後の価格の上昇に伴う上場二社の株価を見れば、法律で売却期限が決められていたため公団資産は結果的にはかなり割安で売却されてしまったことがわかる。「政」は改革の旗「石油公団廃止」によって特殊法人整理の名目を掲げ、「官」は内部告発によって石油戦略の方向性を失い、「民」は「公団資産」の払下げの果実を静かに受け取った。

石油公団問題で日本の石油開発が頓挫と低迷をしている時期、メジャーは買収と合併によって体力を強化した。そして、その後の価格の上昇に乗って史上最高の利益をあげた。ソ連邦の解体で国家経済が破綻状況にあったロシアは、民営化の過程で新興財閥（オリガルヒ）の手に渡っていた石油の資産を強権的に再国営化した。ロシアは価格の上昇がもたらした石油とガスの収入の増加によってエネルギー大国に転じて国家経済を再建した。

さらに、ロシアはエネルギーを武器にその経済的な影響力を強化して「強いロシア」への道を進みつつある。中国は三大国営石油会社を海外で上場して、エネルギー資源を海外で確保する戦略を展開した。国内では長距離のガスパイプラインを敷設して、ガスへエネルギーを転換する戦略を進めている。

†統合の兆しを示す日本の石油開発

石油会社は上流部門と下流部門に分けられる。上流部門は石油の探鉱と開発が主体で、探鉱のリスクはあるものの成功した時の利益が大きい。メジャーはこの部門が強い。日本の大手石油会社は下流部門が主力で、原油を輸入し、それを精製したガソリンや軽油などの商品を販売している。装置的な産業で加工と販売の利益だけのため、売上高に対して利益は少ない。

日本の上流部門には政府系の「石油資源開発」「国際石油開発」、民間系の帝国石油、アラビア石油、精製・販売会社（元売り）系の新日本石油開発、出光オイルアンドガス、商社系の伊藤忠石油開発、三井石油開発と商社本体（三菱商事、三井物産、伊藤忠商事、丸紅）などが開発に参加してきた。

石油公団の廃止と改組が予想され、公団が保有している資産の処分についての議論がなされている中、「石油資源開発」が上場を発表した。同社は一九五五年、石油資源開発株式会社法によって設立されたもので、石油公団が株式の六五％を持ち、社長には歴代の通商産業省（後に経済産業省）の次官、審議官経験者が就任していた。石油行政の中枢である同省とは太いパイプで結ばれていた。

「石油資源開発」は新潟や北海道などにある国内の油田とガス田を保有し、堅固な経営基盤を持っていた。また、日本の石油開発会社の中では最大数の技術者を保有している。国内の油田とガス田は規模が小さいもののカントリーリスクがなく、海外の権益のように生産した原油の大部分を産油国政府に取られることもない。また、原油とガスの価格は国際価格に連動するため、生産量が少なくても高利益をあげることができる。

石油公団の解体を前に、国内の資源開発が中心の「石油資源開発」、インドネシアの資産を基盤に積極的な海外投資を展開して最近では豪州とカスピ海に有力な資産を保有する「国際石油開発」、アブダビで大規模な生産油田を操業する「ジャパン石油開発」、サハリンで原油とガスを開発中の「サハリン石油ガス開発」とを統合する構想が考えられていた。

この段階で「石油資源開発」が単独で上場の旗を掲げたのは、生産量や売上高や企業時価などの経営指数が七倍もある「国際石油開発」と統合されるのを避け、独自の経営路線をとるためであった。石油公団が保有する「石油資源開発」株式は上場によって市場に売り出された。「石油資源開発」株式の公団（現在、株主は経済産業大臣）の保有率は第二次の売却を含めて三四％に低下した。その他の「石油資源開発」の主要株主は経済産業大臣三四％、ステート・トラスト五％、帝国石油（国際石油開発と統合）四・九九％他となっている。

二〇〇三年、経済産業大臣の諮問機関「総合資源エネルギー調査会」が発表した「石油公団が保有する開発関連資産の処理に関する方針」では「わが国の石油・天然ガス開発業界は多くの小規模なプロジェクト企業と少数の中小規模の事業会社で構成されている」、「今後、わが国及び企業が、激化する資源獲得競争に勝ち抜くためには、脆弱な業界体質を克服し、欧米のナショナル・フラッグ・カンパニーに伍する中核的会社を形成することで、新たな開発体制を構築することがぜひとも必要である」と述べている。

しかし、その後、「石油公団資産のうち、中核的会社を構成すべきと想定されるものには、国際石油開発、ジャパン石油開発、サハリン石油ガス開発に係わる石油公団資産が考えられる」として、最多の石油開発技術者を持つ「石油資源開発」が対象から外された構想が正式に打ち出された。石油行政を主管してきた経済産業省にとって、石油開発会社の集約と「中核的会社」の育成は長年のスローガンであり悲願であった。この時点で、経済産業省は、開発会社の統合と中核的会社の形成において大きな機会を逃した。

†狙われる資源株

一方、「国際石油開発」は、二〇〇四年に東証第一部に上場した。「国際石油開発」は、一九六六年に設立され、一九七〇年にユノカル（米）と共同でインドネシアのアタカ油田を発見したあと、トタール（仏）とブカパイ、ハンディル油田を発見して経営基盤を固め、その後、豪州やカスピ海などに進出していた。

「国際石油開発」の株価は、高騰する原油価格を背景に上昇を続け、企業時価は二兆円を超えた。二〇〇六年には、帝国石油と経営統合し、二〇〇八年には「国際石油開発帝石」と社名変更をした。帝国石油は戦前の中核的石油会社以来の長い歴史を持ち、国内の石油とガスの開発に豊富な経験と基盤を持っていた。しかし、折からの価格の高騰による資源ブームを受け、外資から株の買い占めを狙われていた。それを避けるため、企業時価が大きく、政府がゴールデンシェア（黄金株）を持つ「国際石油開発」との緊急避難的な統合がなされた。

「国際石油開発」は海外に優良な資産を保有するものの、保有するプロジェクトの大部分はノンオペレーターで、石油開発の中堅企業へと脱皮してオペレーターとなるためには、技術陣を強化する必要があった。この点、帝国石油は国内での長い歴史と経験を持ち、五〇〇人を超える技術者を持っていた。この統合によって、国際石油開発帝石の技術陣は七〇〇〇人体制へと拡充された。今後、オペレーターとして本格的に資源の獲得競争に参加できる可能性が出てきた。

また二〇〇八年、「石油資源開発」は新株予約権の無償割り当てによる買収の防衛策を発表した。資源株が暴騰する中で、外資ファンドによる株の買い占めの動きがあり、防衛策はこれに対抗して買収者の株式を最大五〇％に希薄化するものであった。同社の主要株主の中で、外資ファンドは合計で一〇％にもなっていた。

3　日本にメジャーはできるのか

†世界最大級の企業

米国の著名なビジネス雑誌「フォーチュン」が、毎年、売上高の順に世界企業五〇〇社のランキングを発表する。二〇〇九年に発表されたランキングでは売上高の上位一〇社のうち七社は石油会社で、第一位はロイヤル・ダッチ・シェル（蘭・英）であった。

世界の大企業ランキング売上額上位10社（2008年）

順位・会社名	業種	国名	売上	利益
①ロイヤル・ダッチ・シェル	石油	蘭・英	4584億$	263億$
②エクソン・モービル	石油	米国	4429億$	452億$
③ウォルマート	小売業	米国	4056億$	134億$
④BP	石油	英国	3671億$	212億$
⑤シェブロン・テキサコ	石油	米国	2632億$	239億$
⑥トタール	石油	仏	2347億$	155億$
⑦コノコ・フィリップス	石油	米国	2308億$	170億$
⑧INGグループ	金融	蘭	2266億$	−1067億$
⑨シノペック	石油	中国	2078億$	20億$
⑩トヨタ自動車	自動車	日本	2044億$	−43億$

（出典）「フォーチュン」2009年7月号

以下、第二位はエクソン・モービル（米）、第四位にBP（英）、第五位にシェブロン・テキサコ（米）、第六位にトタール（仏）、第七位にコノコ・フィリップス（米）、第八位にシノペック（中）が入っている。これらの石油会社のうち、中国政府系のシノペックを除いてはメジャーである。第一位のロイヤル・ダッチ・シェルの売上高は四五八四億ドルであったが、この額は日本で最大規模の企業として第一〇位にランクされているトヨタ自動車の倍以上である。

メジャーの発祥は、米国のロックフェラーが一八七〇年に創設したスタンダード石油であった。エクソン・モービル、シェブロン、コノコ・フィリップスの三社はいずれもこのスタンダード石油を起源にしている。一九一一年にそれまで吸収と合併によって巨大化していた石油の持株会社「ニュージャージー・スタンダード」が、反トラスト法によって三〇社以上に分割され、これらが互いが競合することになった。

このスタンダート石油系のニュージャージー・スタンダード、カリフォルニア・スタンダード、ニューヨーク・スタンダードにテキサコ、ガルフの二社、英・蘭合同の国際企業ロイヤル・ダッチ・シェル、後のBPとなる英国のアングロ・ペルシャンとを加えた七社が「セブン・シスターズ」と呼ばれていた。

第一次世界大戦の時、フランスの首相であったクレマンソーは「石油の一滴は血の一滴に値する」と言ったが、石油はその価値をまず、戦争で高めた。戦場に新しく登場した飛行機、戦車、自動車、石油専燃式の軍艦は、当時、最新鋭の兵器であった。しかし、これらの兵器は石油がなければただの鉄の塊に過ぎなかった。この大戦で近代兵器の燃料となる石油は最も重要な戦略物資の一つになった。このため、大戦の終結は新興の産油地帯であった中東の石油資源の分割に繋がった。

大戦前、オスマン・トルコの領内にあった石油の権益は「トルコ石油」が保有していた。この領内にはイラクも含まれていた。トルコ石油の株主は、英国のアングロ・ペルシャンが五〇％、シェルとドイツ国立銀行がそれぞれ二五％であった。英国とフランスは大戦中にこのドイツ銀行の持ち分を秘密協定によってフランスに渡すことを取り決めた。

英国政府はアングロ・ペルシャンの株式の過半数を保有していた。この会社を支援したのは、石油の重要性に注目していたのちに首相になるウィンストン・チャーチル海軍大臣であった。時は帝国主義の時代の最末期、英国海軍は英国の国力と覇権のシンボルであった。チャーチルは海軍のために国策石油会社を育成していたのである。フランス政府はフランス石油（後のトタール）を設立し、新たに得た中東の権益を渡した。両社はいずれもメジャーの出発点となった。

この英国とフランスによるドイツ権益の分割に対して、米国は門戸開放を唱えて抗議を行った。その結果、米国系のメジャー「ニュージャージー」と「ニューヨーク」の二社にも権益が分け与えられることになった。最終的にイラクの石油権益はアングロ・ペルシャン二三・七五％、シェル二三・七五％、フランス石油二三・七五％、グルベキアン（トルコ石油の個人株主）五・〇〇％、米国の二社二三・七五％の割合で分配された。第一次世界大戦後の中東処理は、石油を巡る戦勝国の調整と、権益の分配となった。

†メジャーの変化

一九五〇年代から一九六〇年代がメジャーの黄金期であった。しかしその時代は長くは続かなかった。ＯＰＥＣが進めた権益の国有化によって、産油国は権益分の原油を自由に処分できるようになったのである。このことは、産油国政府が直接に販売する原油の量が増えるということを意味した。逆にメジャーが扱う原油量は少なくなり、その力を弱めることになった。

話は一九九〇年代後半に飛ぶ。世界的な石油需要の低下によって原油の価格が急落し、価格は一バレル＝一一ドル台まで低下したため、多くの石油会社は生産のコスト割れを起こす状況になった。

ここで「不況は寡占を促進する」という原理が働いた。メジャーは合併と買収の競争に入った。米国のエクソンはモービルと合併して「エクソン・モービル」となった。シェブロンとテキサコは「シェブロン・テキサコ」へ、コノコとフィリップスは「コノコ・フィリップス」となった。

ＢＰは米国の「アモコ」「アルコ」を吸収したが、この買収は「英国の石油企業が名門の米国企業を飲み込んだ」と市場の話題になった。トタールはフランス最大手の「エルフ」とベルギーの政府系石油会社「フィナ」を吸収した。かつての「セブン・シスターズ」は統合と買収によって「シックス・シスターズ」に変身した。

注目されるのは英国のエンタープライズ、米国のユノカルなどの中堅、独立系の石油会社十数社がこの統合と買収期にほとんど消え去ったことである。エンタープライズは北海を中心に優良な資産を保有していたが、シェルに吸収された。ユノカルは高度な掘削技術を持ち、東南アジアの海域でのノウハウを豊富に保有していたが、シェブロンに買収された。

メジャーはこの時期、統合・買収した資産を選別して経営体力を強化した。その後、原油の価格の揺り戻しが来た。二〇〇〇年以降、価格は徐々に上昇を続け二〇〇八年夏には史上最高値の一バレル＝一四〇ドル台まで到達する。体力を蓄えていたメジャーはこの価格の上昇によって史上最高の利益を記録する。時がメジャーに味方したのであった。

†メジャーの強み

メジャーと呼べるには、生産量が日産二〇〇万バレル以上、保有する埋蔵量が一〇〇億バレル以上、同時に複数のプロジェクトのオペレーターとなれることが基準となる。オペレーターは取得鉱区を掘削して開発することによってデータとノウハウを蓄積する。世界各地の地質、開発、生産のデータと深海や極地で操業したノウハウの蓄積がメジャーの力になっている。日本の石油開発会社はノンオペレーターとしてプロジェクトに参加することが多く、オペレーターが提示する資料を見て説明を受けるだけで、実際の作業を行うことによるノウハウの蓄積はできない。

極地や海洋の大水深海域など自然条件が厳しい場所での石油開発は、数千億円を超える資本が必要な事業となる。純利益が数兆円規模のメジャーは豊富な資金力でこのような資本集約的なプロジェクトにも取り組むことができる。

技術力も、液化天然ガス（LNG）の開発、水深三〇〇〇メートルを超える海洋や氷海での石油開発、一〇キロ以上離れた油層の正確な掘削などはメジャーにしかできない。

プロジェクトの管理もメジャーが最も得意とする分野である。北極海、ニューギニア高地、西アフリカ沖の大水深海域、サハリンなど自然条件が厳しくインフラが整備されていない場所で行われる開発作業を円滑に運営することができる能力を持つ。具体的には、資機材を荷揚げする港湾の整備、飛行場の造成、航空機・ヘリコプターの運航、掘削リグの設置と操業などを、専門家集団を集中的に投入して行う。その現場はベトナム戦争や湾岸戦争の兵站基地と何ら変わらない。

メジャーは過去一〇〇年以上にわたって世界中の地層を調査、開発してきた。このノウハウの蓄積に最新の技術を組み合わせることが彼らの能力となっている。産油国も自国の鉱区を公開する場合、技術力を持ち、石油やガスを発見して原油や税金やロイヤリティーの配当物を支払ってくれるメジャーの参入を強く希望している。経済制裁を受け西側諸国と鋭く対立していたリビアや、現在、同じく緊張関係にあるイランも本当はメジャーの参入を希望している。

メジャーの原油生産量、保有埋蔵量（2008年）

会社名	生産量	保有埋蔵量	従業員数
エクソン・モービル	390万BOE	224億BOE	80,000
ロイヤル・ダッチ・シェル	317万BOE	131億BOE	104,000
BP	384万BOE	126億BOE	92,000
シェブロン・テキサコ	253万BOE	112億BOE	66,700
トタール	234万BOE	105億BOE	97,000
コノコ・フィリップス	223万BOE	132億BOE	33,800

（注）生産量＝原油＋ガス＝石油換算（BEO＝バレル／日）
（出典）各社2009年報

鉱区が開放される際に、産油国は応札者の資格選定を行う。石油会社は資金力があっても技術力と実績がないと、この選定を通過することができない。つまり、応札のスタートラインに並べないのである。

石油産業は原油とガスの探鉱、開発と生産を行う上流部門と、生産された原油を精製して石油製品を販売する下流部門とに大きく分けられる。メジャーはこの両方の部門を持つ一貫操業体制の石油会社であり、原油の探鉱からガソリン・スタンドでの石油製品の販売まで行っている。メジャーの本領は上流部門にある。産油国との交渉、鉱区の落札、探鉱と開発を経て油田やガス田からの生産、その運営でメジャーの能力が示される。

また、上流部門こそが利益の中心となっている。石油の開発はハイリスク・ハイリターンのビジネスである。いかに地下から原油やガスの埋蔵量を発見して、それらを低コストで効率的に生産するかが経営の鍵である。

国内的な統合から国際的な統合へ

近代的な石油産業が国内の資源を基盤に成立した米国では、自動車による石油の大量消費の時代が到来するとともに大手の石油会社が成立した。一方、国内に石油の資源を持たなかった英国とフランスは、すでに述べた通り、第一次大戦を契機に国営石油会社を設立・支援してBPとフランス石油を育て上げ、後に民営化した。

先に述べたように、一九九〇年代に米国ではメジャーの再編が行われ、エクソン・モービル、シェブロン・テキサコ、コノコ・フィリップスの三社に集約された。英国では、一九八〇年代後半にBPが完全民営化を行い、その後、米国の大手石油会社アモコとアルコを吸収して経営基盤を強化した。

ロイヤル・ダッチ・シェルはオランダと英国の共同国際会社としてエクソンに次ぐ地位を占めている。フランスではトタール(元国営フランス石油)がベルギーの政府系石油会社フィナと統合した後、フランス最大手のELF(元政府系)と統合してメジャーの一角に食い込んだ。

北海油田を保有するノルウェーの国営石油会社スタットオイルは、国内の民間大手ヒドロと統合し「スタットオイルヒドロ」になった。イタリアは炭化水素公社ENIの傘下にAGIPを保有している。スペインには国営ヒスパノオイルから発展した中堅石油会社レプソルがある。

この他に先進国の中では、ドイツが石油の開発に対して政府の助成を行う機関「デミネックス」を持っていた。しかし、政府予算の打ち切りにより助成が廃止されるとともに、群立していた国内の石油開発会社は欧米のメジャーに吸収されて消滅した。

中国は、国内の陸上油田の開発が主力であった中国石油天然気集団公司（CNPC）、石油化学が専門であった中国石油化工集団公司（シノペック）、海洋油田の開発会社である中国海洋石油総公司（CNOOC）の三社を国際市場で上場した。そして、お互いを競合させながら、海外で石油とガスの権益を確保している。

日本の国際石油開発帝石の生産量は元英国ガス公社のBG、中国のCNOOC、米国の独立系石油会社アパッチと同水準にある。

国際石油開発帝石が権益を保有するカスピ海の油田は、本格的な生産に入る二〇一二年頃には日産七〇万バレルに達すると予測されている。そうなれば国際石油開発帝石が、BG、アパッチの生産量を抜いて中堅石油会社の最上位になることも可能である。ようやく日本からも、はるか彼方を走るメジャーの背中が見えてきたと言える。

4　苦戦が続くわが国の石油開発

†アラビア石油の撤退

二〇〇〇年、ペルシャ湾の沖合におけるアラビア石油のサウジアラビアとの利権契約が終結した。クウェートとの利権契約も二〇〇三年に終了し、日本が最初に海外で開発した油田の幕が閉じられた。アラビア石油は、戦前には満州で満鉄関連の事業をしていた山下太郎が、サウジアラビア、次いでクウェートとの間で利権契約を締結して設立された。戦後、間もない一九五〇年代のことであった。

アラビア石油は利権契約の終結を前に、早い段階から準備を行っていた。中国の渤海湾と南シナ海での探鉱作業や、マレーシア、米国、ノルウェーなどへの進出は次の展開を求めてのものであった。しかし、サウジアラビアの油田に代替する事業には育たなかった。

一九九四年の皇太子・同妃両殿下、一九九五年の村山首相、一九九七年の橋本首相と要人が相次いでサウジアラビアを訪問した。これらの訪問は日本とサウジアラビアとの関係強化を狙ったものであった。積極的な交流によって、契約の延長が行われる雰囲気も生まれていた。

しかし、期限切れを前にした交渉の中で、サウジアラビアは、突然、延長条件として東京と鹿児島間の距離に相当する全長一四〇〇キロの鉱山鉄道を建設することと、その運営を要請してきた。鉄道の建設費は当時の金額で約二〇億ドル、運営費は年間数億ドルと推測された。

この鉄道の主管は「石油鉱物資源省」、運営は「鉱物資源開発」とされ、他の鉄道路線とは異なる形態だった。そのため、サウジアラビアがこの鉄道を提案した理由がいろいろと推測された。

まず、第一には、鉄道が通る北部地帯は、病気で療養中のファハド国王に代わって実質的に国王の業務を遂行しているアブドッラー皇太子（現国王）一族の出身地域であることから、石油鉱物資源省が皇太子の機嫌をとるために日本に資金を出させて鉄道を敷設して、さらに、乗客路線も加えて地域のインフラを整備するとの政治的な路線とする説。

第二には、サウジアラビアは基本的には石油の権益は全て国有化することが既定の路線であったが、アラビア石油が契約の延長のためにボーナスとして鉄道を建設してその運営も負担するならば、延長は権益を国有化するよりも大きな利益をサウジアラビアへ与えるという、利益天秤説。

第三には、日本のアラビア石油と通商産業省は共に積極的に契約を延長する運動を展開していたので、この動きを受けたサウジアラビアが、アラビア石油の背後にある日本政府から経済援助的な支援も引き出せると判断したという、条件引き上げ説。以上の三つが考えられた。

問題は、鉱山鉄道の経済性であった。産油国の力が大きくなるに従って石油会社が受け取る報酬は、年々少なくなっていた。サウジアラビアの提案を受け入れると原油一バレル当たりの鉄道費用の負担分は（償却期を二〇年とすると）五ドル前後になる。この時点で原油価格は一バレル＝一七ドルであったから、負担金だけで価格の三分の一弱に相当した。

アラビア石油は、自社の負担ではサウジアラビアの要望を賄えないと判断して通商産業省へ支援を要請した。同省は検討の結果、「一私企業のために数十億ドルの税金を投入することは、国民の合意を得られない」としてこの要請を断った。そして、その代替案として、「国際協力銀行などの公的融資四〇〇〇億円と今後一〇年間で六〇〇〇億円分の投資を行う」ことを提示したが、サウジアラビアの受け入れるところとならず、アラビア石油の権益は消滅した。

この通商産業省の判断は、その時点では、行政改革が大きな政治の流れになっていた上、サウジアラビアとの契約の更新に続いてクウェートとの契約の期限が控えていたため、サウジアラビアの要請を認めると、同等の貢献をクウェートにも求められることが予想されたため、やむを得ないものであった。そして、クウェートの権益も期限切れとなった。アラビア石油は生産の開始から権益の終了まで二八億バレルの原油を日本に持ち込んだ。この量はこの期間に日本に持ち込まれた原油の輸入量の五％に相当した。

†アラビア石油の権益と表裏一体であったアザデガン油田

アラビア石油の権益が失われた後、通商産業省（二〇〇一年に経済産業省に改称）は秘密裏にイランとの交渉に入った。これがアザデガン油田の開発権交渉である。この交渉は日本にとってはアラビア石油の権益を失って減少した自主開発原油の穴を埋めるものであり、イランにとってはイラン・リビア制裁法で米国の経済制裁を受けて国際的に孤立している中、日本を取り込む外交戦略であった。

アザデガン油田はイランの南西部、イラクとの国境地帯で発見された。二〇〇〇年一一月、ハタミ大統領が訪日した際に、日本はこの油田の優先的交渉権を獲得した。当時の発表ではアザデガン油田は推定埋蔵量が二六〇億バレル、最大級の権益の獲得としてマスコミの大きな話題になった。

このプロジェクトは日本が優先的交渉権を取得した後、「国際石油開発」が中心になってイラン国営石油会社と交渉を続けた。ところが二〇〇六年に「国際石油開発」は、オペレーター権を放棄することとプロジェクトへの参加比率を七五％から一〇％に引き下げることでイラン側と合意した。

この報道が流れた時、日本では「米国の圧力に日本が屈した」、「超大型の自主開発油田をみすみす失った」などの批判の声が上がった。しかし、石油専門家からはアザデガン油田が持つ多くの問題点が指摘されていた。まず、マスコミで大々的に報じられていた埋蔵量は、数本の試掘井が掘られただけでの推定・期待埋蔵量に過ぎず、可採埋蔵量としては三〇億〜六〇億バレル程度と推測されていた。

また、この油田の周辺地帯はイラン・イラク戦争の主戦場跡であり、無数の地雷が埋設されていたため、その除去には膨大な時間と費用がかかることが予測されていた。さらに、一番重要なのは石油契約であるが、一般的な生産物分与契約とは異なるリスク付の作業請負契約であった。この契約は産油国に有利で、石油会社にとっては原油の価格が上昇した時やインフレなどによって開発の費用が増加した場合への柔軟性が少ないため、経済性が低く、契約の期間が短いことが特色であった。

アラブの産油国との交渉には、「アラブの常識」に対する長い経験と、現在の複雑な石油の契約と経済性の評価に対する豊富な知識が必要である。アザデガン油田の案件では、当初、イランとの交渉権の取得が最優先とされ、契約の内容は脇に置かれた感があった。

通常、石油の開発ではリスクを分散するために、計画の立案と作業を行うオペレーターの他に、資金を負担する数社のパートナーを求める。日本側からプロジェクトへの参入の打診を受けたシェルとトタールは契約とデータを分析した結果、「プロジェクトの経済性は少ない」と判断して参入を見送った。

リスクだけでなく、イランでの油田開発にはガスの圧入技術など高度で複雑な技術が必要で、メジャーの技術力が求められていた。したがって、シェルとトタールの参入辞退は必然的に日本側の後退を引き起こした。

イランは「日本が撤退するなら中国に権益を渡す」、「再度、日本と条件を交渉する余地がある」などの声明を発表して日本の引き留めを図った。しかし、その後、石油の確保を求めて世界中で権益を取得し続けている中国がアザデガン油田に参入したとの報道はない。

イランも表面上は「米国の圧力によって日本が撤退した」と主に米国を非難しているものの、「一〇％の権益は残置」などイランの顔を立てながらの軟着陸的な後退を行った日本の撤退理由が経済性にあることを承知しており、これによって日本とイランとの関係が悪化したとは思えない。日本のアザデガン油田からの後退は、国際ビジネス上の合理的な判断であった。

その後、アザデガン油田はイランがオペレーターとして開発を行い、現在、日産三万バレル程度の原油を生産している。日本がアザデガン油田の優先的交渉権を獲得した当時、国際問題のコンサルタントをしていたアーミテージ元米国務副長官は「イランの権益を取得すると複雑な国際関係に巻き込まれる」と日本の政府関係者へ強い警告を発していた。当面、強硬路線をとるアフマディネジャード大統領がその政治姿勢を変える可能性は少ない。日本がアザデガン油田の開発へさらに入り込んでいた場合、厳しい国際環境の中に置かれていただろうと推測される。

†太平洋パイプライン

その後、中東に偏在する原油の供給源を多角化する目的で、ロシアとの間に「太平洋パイプライン」の構想が浮上する。当初、この構想は次のように組み立てられていた。まず、第一段階として、東シベリアで発見されてはいるが、まだ開発されていない六油田の権益を取得する。第二段階として、その油田を開発して生産した原油を太平洋岸へ運ぶためにパイプラインを建設する。第三段階として、この輸送された原油を自主開発原油として日本が輸入する。

しかし、この構想が実現するためにはいくつかの問題があった。一九九〇年代末からロシアの石油会社ユーコス（ホドルコフスキー社長）と中国石油天然気集団公司（CNPC）との間で、バイカル湖の西岸にある東シベリア油田群の原油を中国の大慶へ輸送するためのパイプラインを建設する計画が進められていた。ユーコスは、国が独占していたパイプライン事業へ参入することと、中国と長期的な原油の供給契約を締結して安定的な石油収入を得ることを狙っていた。そして、二〇〇一年七月、プーチン大統領と江沢民首相との会談で「大慶パイプライン」を建設することが合意された。

しかし、この年の末、ロシアの国営パイプライン会社「トランスネフチ」は、バイカル湖の西岸にあるアンガルスクから日本海の沿岸、ナホトカの近郊ペレボズナヤへの「太平洋パイプライン計画」を発表した。このパイプラインの全長は四二〇〇キロ、原油の輸送能力は日量一〇〇万バレルであった。この突然の発表はユーコスの資金源となる大慶パイプラインを牽制するのが目的であった。

その背景には、ユーコスのホドルコフスキー社長がテレビを通じて活発な政権批判を行い、また、次期大統領選への出馬の可能性を示唆してプーチン大統領に敵対する姿勢を明確にしていたことがあった。二〇〇三年の秋、ホドルコフスキー社長はビジネスで立ち寄ったシベリアの飛行場で、内務省の特殊部隊に脱税容疑で逮捕された。その後、ユーコス

太平洋・大慶パイプライン計画

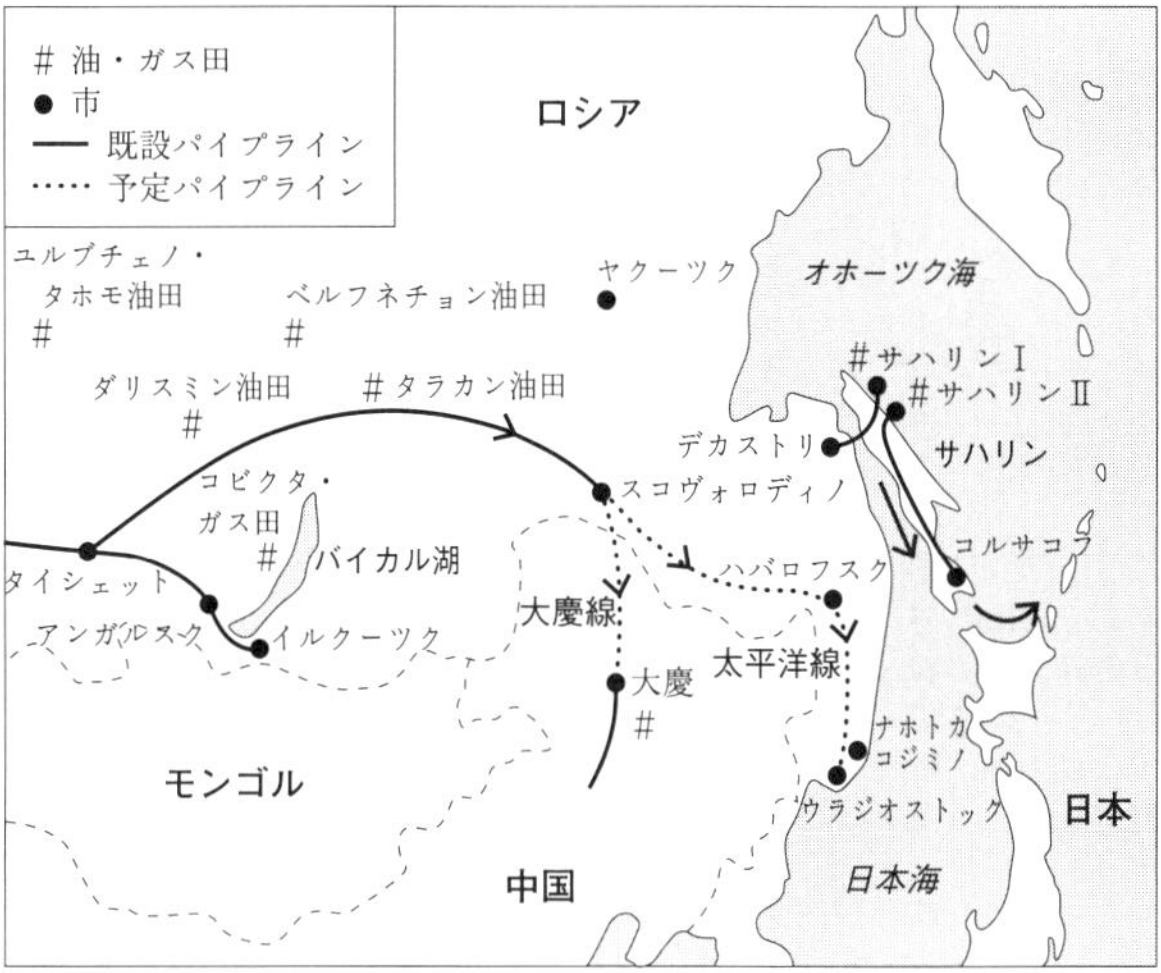

（注）海上の矢印はタンカー輸送

は解体され、その資産は競売に付されて大部分は政府系の石油会社へと組み込まれた。

二〇〇三年一月、小泉首相がモスクワを訪問した際、両国間で発表された日露行動計画の中で、日本は太平洋パイプライン計画への協力を表明した。しかし、その四カ月後、ロシアは、パイプラインのルートについては「大慶への支線を伴うナホトカまでのパイプラインを建設する」と発表し、国内ではルート問題がまだ決着していないことを示した。ユーコス問題が片付いたプーチン大統領にとって、「太平洋線カード」の価値が下落したのである。

二〇〇六年七月、ロシアは、タイシ

ェットからスコヴォロディノへの工事に着工した。スコヴォロディノは大慶線と太平洋線の分岐点になっている。これに伴い、ロシアは第一段階として大慶線、第二段階として太平洋線を建設すると表明した。要するに太平洋線は後回しにされたのである。

このパイプライン計画の最大の問題点は、現時点では、東シベリアの油田群から輸出が可能な原油は日量六〇万バレル程度しかないため、建設が先行する大慶線に加えて、太平洋線に回す原油がないことである。太平洋線の採算ラインは輸送量で日量一〇〇万バレル、建設費は一二〇億ドルと推定されているが、インフレで大幅に増額する見込みである。

これに対して、ロシアは、「太平洋線へは新規に開発する原油を充当する。必要に応じて、西シベリアのサモトロール油田などからの供給も想定する」と説明した。本来、パイプラインは生産した原油を運ぶために敷設されるが、ここにはパイプライン構想が先行してそれに流す原油を後で発見するという「逆転の発想」と「社会主義的な計画経済」が見られる。太平洋パイプラインをコスト面で見ると、建設費、操業費等から輸送料は一バレル当たり一七ドル程度と推測されている。この料金は割高なため、実際には輸送料は七ドル程度とし、差額の一〇ドルは他のパイプラインルートの料金を値上げして補うことが考えられている。

もともと、日本側の構想の主眼はバイカル湖の西岸にある油田権益の取得にあり、次に、生産した原油を運ぶためのパイプラインを日本海沿岸まで敷設することであった。しかし、原油の価格が高騰してロシアの資金不足が解消されたため油田のメンテナンス、開発部門へも資金が流れ始めた。それとともに、ロシアでは日本へ油田の権益を譲渡するとの考えは減退していった。価格の高騰が投資環境を変化させたのである。

また、プーチン大統領は、既述のように民営化の過程でオリガルヒへ渡っていた石油の権益を再国有化することに成功していた。政府系の石油会社へ流れ込む石油の収入はプーチン大統領を支える重要な柱になっていた。ソ連解体後の経済が困窮していた時期と異なり、政府内の保守派は資源の権益を外資へ与えることに反対の姿勢を強めていた。

ロシアは大慶線を優先して建設することを決定した後も、依然として太平洋線の実現を表明している。それは、太平洋線の計画がウラジオストックとナホトカを中心とする沿海州の開発とリンクするためである。ロシアは極東地域の経済発展のために「極東ザバイカル開発計画」と「二〇二〇年へのロシアのエネルギー戦略」を作成し、石油の開発とエネルギーのインフラを整備することを計画している。さらに、二〇一二年にウラジオストックで開催される予定のアジア太平洋経済協力会議（ＡＰＥＣ）に向けてのインフラ整備も進められている。

極東地域では過去の一五年間で人口の一五％が流出してしまった。道路や電気や上下水道やガス配管などのインフラが整備されていないので生活環境が悪く、より生活水準が高い西シベリアやウラル山脈の西に移住する人が多い。この傾向が継続すれば、極東地域の経済は徐々に衰退し、中国系や朝鮮系の人口の割合が増大することが予測される。このため政府は、エネルギーを中心にした開発計画で経済の活性化を図り、生活環境を整備しようと考えている。

二〇〇九年一二月、大慶線の分岐点スコヴォロディノからナホトカ南東部のコジミノへの原油の鉄道輸送が始まった。輸送量は、当初は日量二四万バレル、二〇一一年以降は三〇万バレルの予定である。この原油の輸送開始によって、ロシアはナホトカから極東地域への原油輸出開始に至った。太平洋パイプラインが完成するまでの、外貨獲得のための代替措置である。

これに加え、大慶線(当初日量三〇万バレル)が完成すると、鉄道輸送の三〇万バレルと合わせて、東シベリアの油田群から現在回送可能な日量六〇万バレルの上限に達してしまう。

いずれ大慶線は日量六〇万バレルへ増量する予定なので、新たに日量三〇万バレルが必要となる。さらに太平洋パイプラインが完成すると日量一〇〇万バレルが輸送される。そのため、鉄道輸送分の三〇万バレルを差し引くと、新たに七〇万バレルの原油が必要となる。合計で日量一〇〇万バレルが新たに必要となるのだ。つまり、大慶線と太平洋線の双方に流すのに必要な原油の量は合計で最大日量一六〇万バレルになる。

この流油量を確保するためには、今後、新規に一三〇億バレルの埋蔵量を東シベリアで発見する必要がある。ロシア政府は、当面の原油を確保するために、東アジアの油田に対する生産税、輸出税の減免措置により、増産を図ろうとしている。また政府は、二〇二五年には東シベリアとサハ共和国での原油の生産量が一六〇万バレルになることを想定している。そのために必要な石油の開発予算は、約一〇〇〇億ドルに達する。

それでは、東シベリアでの原油のポテンシャルはどうであろうか。豊富な原油とガスの埋蔵量が発見されて、現在、主要な産油地帯となっている西シベリアと比較すると、東シベリアではまだ探鉱の実施量が圧倒的に少ない。

過去八〇年間にシベリアで掘削された坑井数を見ると、西シベリアでは一万七一〇〇坑、発見された原油とガスの埋蔵量は石油換算で四三〇〇億バレルであった。これに対して、東シベリアでは一五〇〇坑、発見された埋蔵量は二六〇億バレルと西シベリアのわずか六%に過ぎない。

東シベリアは探鉱がまだ十分に行われていない地域であって、今後、この広大な地域の探鉱データを取得するだけでも巨額な資金を投入する必要がある。ロシアもそのことは十分に承知していて、そのために探鉱のリスク費用の負担を日本に期待しているのである。

現時点ではメジャーは、シベリアの探鉱データが十分でなく、そのポテンシャルが不明であること、石油の権益を取得するのが困難であること、それが可能になっても埋蔵量を発見した後に権益の削減やロシア企業の参入などのリスクがあることなどによって、東シベリアへの進出には慎重な態度をとっている。

†ロシアと中国の狭間にいる日本

近年、石油の需給上、大きな問題になっていたのは、増加を続ける中国の石油需要をどこが補うかであった。もともと、東シベリアの原油は国際市場へ出ていなかった。その原油が大慶線で中国へ輸出されることになれば、原油の国際市場は有機的に繋がっているため、中国が原油を求めて中東や南米やアフリカへ進出して買いあさりをする度合いが少なくなり、国際市場の混乱は沈静化するだろう。

二〇〇八年一〇月、モスクワを訪問した中国の温家宝首相はプーチン首相と会談した後、「露中エネルギー分野の協力協定」と「スコヴォロディノから大慶に至るロシア領内のパイプラインの敷設に関する協定」に調印した。この結果、大慶線のロシア側の中継点スコヴォロディノから中国との国境までの六〇キロと、中国側の大慶から国境まで九七〇キロのパイプライン工事が着工された。完成は二〇一〇年末である。

ロシアが資金を自己調達して東シベリアの探鉱を行い、油田が発見された場合、生産された原油は外貨を得るために輸出される。太平洋線の経済性が成立するだけの原油が沿海州へ輸送されるようになれば、その時点で、日本は国際価格でその原油を購入すればよいだけである。日本が長期契約で購入すればロシアも安定的な購入者を得ることになる。

現在、サハリンで生産されている原油は軽質（API＝三八度）であるため、重質油分解装置を持つ日本の製油所には価格が割高となるので、必ずしも順調に取引が行われているわけではない。原油の一部は韓国へも輸出されている。

今後、ロシアは、大慶線の完成の後、太平洋線の工事への移行と東シベリアの石油開発を計画している。その次の段階としては、ナホトカ近郊の港湾施設の整備と建設、石油の精製プラントの建設などによる総合的な開発計画が控えている。さらに、イルクーツク州にある東アジア最大のコビクタ・ガス田を開発し、生産したガスをパイプラインで中国へ輸出して「露中エネルギー分野の協力協定」を促進していくことが予想される。

最近では、ロシアはウラジオストックにＬＮＧ基地を建設して、太平洋諸国へＬＮＧを輸出する構想を打ち出している。資源の供給国であるロシアとエネルギーの輸入戦略を進める中国の狭間に位置する日本は、総合的な国益とコストを勘案しながら最良のエネルギー導入戦略を構築することが必要になる。

†石油戦略の方向性

今後のわが国の石油政策を構築する上で必要とされるのは、資本と技術を集約すること、エネルギー情報を収集し正確な分析を行うこと、経験と知識を持つ人材を育成することである。欧米各国はメジャーを中心に資本、技術、情報、人材を保有している。石油の安定的な供給策としては自主開発原油がある。海外で石油の開発を行い、権益分の原油を日本に持ち込む方法である。この方法は日本が三〇年以上も前に提唱したが、最近では中国が積極的に活用している。

ビジネスを戦争に例えることも多いが、戦争において兵力の分散は最も避けるべきこととされている。日本の石油開発の実情は、中小の石油開発会社が乱立して兵力が分散した状態にある。

現在でも世界各地で石油の鉱区は公開され続けている。北極海に面したアラスカのボーフォート海鉱区の入札ではシェルがほぼ鉱区を独占して落札した。リビアでは、国連と米国の制裁が解除された後、次々と有望な鉱区が公開された。内戦状況が続くイラクでも鉱区の入札が続けられている。有望な石油鉱区はまだ取得することが可能である。問題はどれが有望な鉱区であるかを評価して探鉱と開発を行う能力を持つ石油の開発会社を保有しているかどうかである。

石油の開発における競争力とは、その資金と技術である。技術力がなければ付録として経済援助的な支援をつけるか、契約の条件を低減して勝負するしか方法はない。産油国がメジャーの参入を歓迎するのは、その技術力によって自国の資源が効率的に開発されることを望んでいるからである。石油の開発では技術なき者には市場（権益、鉱区）がないのである。

日本では中核的会社がまだ育成の途上にある。そのため、主要なプロジェクトは中央官庁の主導で行われることが多い。官庁の担当者は交渉に従事しても数年で石油と全く異なる部門へ異動する。そのため、貴重な知識と経験が蓄積されない。情報が単純で量が少なかった時代にはそのような形での対処が可能であった石油の交渉も、情報が増えて複雑で専門化した現在では、知識と経験を蓄積した専門家でなくては国際的な競争を乗り越えることができなくなっている。

産油国の要人やメジャーの経営陣は、数十年間、組織内はもちろんのこと国際間の競争の中で生き抜き、知識と経験を蓄積してきたプロである。時代は彼らに対抗できる石油開発のプロを求めているのである。国際ビジネスの世界では素人は玄人には勝てないし、玄人の水準が分からないのである。

日本に中核的会社が成立すれば、その事業業績によって株式市場からの資金の調達も可能になり、技術力の集約と蓄積も促進される。その段階になれば、国の支援は情報と技術開発の分野に集約することができる。

資源なき日本では、政策的には情報の収集と分析の機能を充実させ、その成果を政策に反映させると同時に、民間企業へ提供して共有する情報インフラが必要である。また、日本の先端技術と結合させた独自の石油技術を開発することが、新分野の技術の育成と、産油国との協力関係の強化に繋がることになる。米国はメジャーに加え、エネルギー情報局（ＥＩＡ）を保有して膨大な情報を収集し、分析と予測を行っている。欧米の主要国では育成されたメジャー、準メジャーや石油サービス会社が最先端の技術開発を行っている。

†エネルギースタイルの転換へ

エネルギー全般に関しては、現在、太陽光や風力やバイオなどの再生可能エネルギーが温暖化対策として注目を浴びている。しかし、二〇三〇年までのわが国の長期的エネルギー需給見通しでは、政策を講じて最大限の普及（補助金支援）を図った場合でも、再生可能エネルギーが全体に占める割合は、現状の三％から七％に上昇するに過ぎない。再生可能エネルギーは環境対策に加えて、新産業の育成と経済の活性化の有力な手段にもなり得るが、同時に、これらのエネルギーだけでは、エネルギー構造に与える影響力は限られているのである。

排出物を削減するための現実的、効果的な対応の一つとしては、天然ガスの使用の拡大が考えられる。天然ガスが燃焼した時に排出する二酸化炭素は、石炭の六割である。他の排出物も石炭や石油と比較して少なく、比較的クリーンなエネルギーと言える。また、天然ガスは次世代のエネルギーとして期待されている燃料電池にも使用される。

欧米では天然ガスが普及しており、各国間を繋ぐパイプライン網も完成している。中国でも、現在、エネルギーの天然ガスへの切り換えが実施されており長距離パイプラインが敷設中である。韓国と台湾はすでに国内縦断パイプラインを完成させている。日本はガス会社の地域独占の問題もあって、縦断的なガスパイプラインがない唯一の先進国である。天然ガスの使用促進に向けて、縦断パイプラインの研究が進められるべき時期にきている。

これらの対策に加え、本質的な問題として、今、我々はエネルギーを大量に消費する現在の社会、経済構造を根本から見直す時期にきている。これが環境問題に対する最大の対策である。地方では、利用できる公共的な交通手段が少なくなったために、一家で二〜三台の自家用車の保有が普通になっている。温暖化による気温の上昇もあって、夏期には数台のエアコンを常用することも一般的なライフスタイルである。

このライフスタイルを本格的に転換する時期が来ている。具体的には路面電車や小型バスなどの公共輸送の充実、カーシェアリング、自転車などの活用が再考されるべきである。この面では、国だけではなく、地方自治体による生活に密着した対策が必要であろう。また、物流分野では鉄道の輸送力と酸化物の排出量の少なさを見直して、新しい物流システムを構築することも必要だろう。

最後に、省エネルギーは最も効果的なエネルギー対策である。大規模建築物の断熱とエネルギー効率の改善、ビル屋上の緑化、舗装道路の吸熱性の改善、一般家屋への断熱材の使用、二重ガラス窓の取り付け、太陽熱温水器の設置、地方での小規模水力発電の普及などは、ローテク的ではあるが低費用で確実に効果が期待できる。

これらを総合した、わが国の強力なライフスタイルチェンジ戦略の立案と促進が望まれる。

おわりに

近年、ロシア、中国を主軸として世界を舞台とする石油戦略が次々と打ち出され、これらの戦略を中心に、国際政治と経済がかつてないほど大きく動いていることを本書では記述した。

一方、これらのダイナミックな動きとは対照的に、日本はその中で立ちすくんでいた感がある。その理由として、まず、「小泉改革」の中でエネルギー問題が政策的よりも主に財務的問題として捉えられ、政策を立案する中央官庁もその旋風の中で石油とガスを取り巻く環境の変化と状況を正確に捉え切れていなかったこと、石油開発業界は売却される石油公団の資産と関連会社の再編に経営的関心が向いていたことが挙げられる。

また、社会的には石油の情報が日常的に溢れているにもかかわらず、マスコミを中心に基本的な知識と正確な情報が共有されてこなかった。これらが複合的に作用して変動する石油環境の中で日本の立ちすくみが続いたのである。国際的に大きな環境変化が生じている時期に、国内的には長期的なエネルギー展望を踏まえた戦略の構築がなされず、単に公的資産を分散するだけという、日本に特有なその場しのぎの「改革」が行われたと言える。

本書では、原油の埋蔵状況、石油業界の国際慣行、メジャーの動向、石油の探鉱や開発の上流部門、輸送や精製や販売の下流部門、日本の現状、ガソリンと税金の関係など石油問題を理解する上での基本的な常識と知識を列挙した。その中で、一般的に流布している石油の常識と専門的な知識との間には、大きな違いがあることを理解して頂けたと思う。

数年前、石油の視点から太平洋戦争の経緯、敗因を分析した本を出版した。執筆の過程で当時の資料を調べていくと、戦争が米国の対日石油禁輸を契機にして起こったにもかかわらず、当時の政策決定権者（政治家、軍人、官僚）たちの石油に対する知識があまりにも乏しいことに驚いた。また、石油に関する情報が秘密にされ、共有されていなかったことも分かった。そのため、開戦の前に政府（企画院）が作成した石油の需給見通しで、「（米国の対日）石油禁輸の現状では石油の備蓄はじり貧になるが、南方油田を占領して石油の還送を行えば石油の需給状況は改善する」との意図的な結論によって戦争への道が決定されている。石油に対する情報と知識の不足が、日本を開戦から敗戦へと導く原因の一つになったのである。

幸いなことに、我々日本人は、今、戦火に直面しているのではない。しかし、同時に、現在、我々がグローバルな経済戦争、資源の獲得戦争のただ中に置かれていることは間違いない。そして、エネルギー、とくに石油は国際政治、経済を動かす大きな要因の一つとなっている。このことは、二〇世紀初めに石油時代が始まってから一〇〇年以上変わっていない。今後も数十年間は変化がないと思われる。わが国は資源貧国である。今後の方向を誤らないためには、まず、石油についての正確な情報と基礎的な知識を持ち、全世界で起こっている変化の動向を分析して的確に事態を把握することが必要である。

また現在、「エコ」がブームの様相を呈している。環境問題を考えれば、再生可能エネルギーの利用は促進すべきであろう。しかし、エネルギー構造上、それらのエネルギーで補い切れない大部分は従来型エネルギーを使用せざるを得ないのも事実である。そのエネルギーの争奪戦は今後、激化することこそあれ、弱まることはないだろう。

本書では、石油を巡る世界各国の動向や、過去のいくつかの石油開発の案件を取り上げた。そこには、資源を取り巻く国々の国益と戦略が重なり合っているのである。そのため、情報の発信源が事象の一部を肥大化させ、意図的に全体像を見えなくしている例も多い。今後、読者がエネルギー問題を考える時、本書で記述した情報と専門知識が一助となるならば幸いである。

なお、本書の一部には、二〇〇八年四月から一年半にわたって月刊誌「集中」に連載された「エネルギー　知られざる常識」の原稿を改訂、補足したものを使用している。

*参考資料

米国エネルギー情報局（EIA）関連資料、統計
米国石油協会（API）統計
国際エネルギー機関（IEA）関係資料、統計
資源エネルギー庁関係資料、統計
『オイル・アンド・ガスジャーナル（OGJ）』各週号、ペン・ウェル社
『ペトローリアム・インテリジェンス・ウィークリー（PIW）』各週号
『BP統計』各年号
『二〇〇九年エネルギー白書』資源エネルギー庁
『月間エネルギー動向報告資料』各月号、JOGMEC
『石油天然ガス統計資料』各年版、JOGMEC
『石油連盟統計』
石油公団編『石油用語辞典』ペトロ・ビジネス・サービス、一九八六年
『石油・天然ガス開発資料』各年号、石油鉱業連盟、JOGMEC
『石鉱連資源評価スタディ二〇〇七年』石油鉱業連盟
村上勝敏『世界石油史年表』日本石油コンサルタント、一九七五年
石油学会編『ガイドブック世界の大油田』技報堂出版、一九八四年
『ロシアNIS調査月報』各月号、ロシアNIS貿易会
『ロシアの石油・天然ガスを巡る動向（資料編）』JOGMECモスクワ事務所

本村眞澄『石油大国ロシアの復活』アジア経済研究所、二〇〇五年
宮下二郎『王と石油資本の砂漠外交――アラビアの石油開発史』石油文化社、一九九一年
ジャック・アンダーソン『フィアスコ――「油断」への道』光文社、一九八四年
ジュリアン・リー『カスピ海ガス』世界エネルギー研究センター（CGES）、二〇〇二年
J・ブノアメシャン『砂漠の豹イブン・サウド――サウジアラビア建国史』改装版、筑摩書房、一九九〇年
田村秀治編『イスラムの盟主サウジアラビア』読売新聞社、一九七六年
アントワーヌ・バスブース『サウジアラビア　中東の鍵を握る王国』集英社（集英社新書）、二〇〇四年
牟田口義郎『石油戦略と暗殺の政治学』新潮社、一九八二年
村松剛『血と砂と祈り――中東の現代史』日本工業新聞社、一九八三年（のち中公文庫、一九八七年）
エドワード・N・クレイペルズ『90年代の石油支配』三省堂、一九九〇年
C・トゥーゲンハット、A・ハミルトン『巨大ビジネス　オイル』早川書房、一九七七年
ダニエル・ヤーギン『石油の世紀（上・下）』日本放送出版協会、一九九一年
山田栄三『湾岸の興亡――石油戦争の歴史』新潮社、一九九一年
ジェフリー・ロビンソン『ヤマニ――石油外交秘録』ダイヤモンド社、一九八九年
石川良孝『オイル外交日記』朝日新聞社、一九八三年
山崎雅弘『中東戦争全史』学習研究社（学研M文庫）、二〇〇一年
村松剛『湾岸戦記』学習研究社（学研M文庫）、二〇〇二年
F・N・シューベルト、T・L・クラウス『湾岸戦争　砂漠の嵐作戦』東洋書林、一九九八年
河津幸英『軍事解説　湾岸戦争とイラク戦争』アリアドネ企画、二〇〇三年
河津幸英『図説イラク戦争とアメリカ占領軍』アリアドネ企画、二〇〇五年
スティーブン・ペレティエ『陰謀国家アメリカの石油戦争』ビジネス社、二〇〇六年
トーマス・フリードマン『グリーン革命（上・下）』日本経済新聞出版社、二〇〇九年

ちくま新書
840

世《せ》界《かい》がわかる石油戦略《せきゆせんりやく》

二〇一〇年四月一〇日　第一刷発行

著　　者　岩間敏（いわま・さとし）

発 行 者　菊池明郎

発 行 所　株式会社 筑摩書房
東京都台東区蔵前二―五―三　郵便番号一一一―八七五五
振替〇〇一六〇―八―四一二三

装 幀 者　間村俊一

印刷・製本　株式会社 精興社

乱丁・落丁本の場合は、左記宛に御送付下さい。
送料小社負担でお取り替えいたします。
ご注文・お問い合わせも左記へお願いいたします。
〒三三一―八五〇七　さいたま市北区櫛引町二―六〇四
筑摩書房サービスセンター
電話〇四八―六五一―〇〇五三

ISBN978-4-480-06544-5　C0257

ちくま新書

385
世界を動かす石油戦略
石井彰
藤和彦
世界最大のエネルギー源・石油は、政治と経済の重大なテーマである。世界情勢が緊迫する中、国際石油市場はどのように変わるのか。石油は世界をどう変えるのか。

573
国際政治の見方
――9・11後の日本外交
猪口孝
冷戦の終焉、9・11事件は、国際政治をどのように変えたのか。日本外交は以前と同じでよいのだろうか。激動する世界と日本外交の見方が変わる、現代人必読の書。

631
世界がわかる現代マネー6つの視点
倉都康行
9・11事件以後、国際金融の舞台では不気味な変化がゆっくりと生じている。その動きは市場と社会をどう変えるのか？　6つの視点からマネーの地殻変動を読みとく。

727
「海洋国家」日本の戦後史
宮城大蔵
脱植民地化から巨大な経済圏の確立へ向かった戦後アジア。それを主導した日本の秘められた航跡を描き出し、再び政治の時代を迎えつつある今、新たな役割を提示する。

735
ＢＲＩＣｓの底力
小林英夫
存在感を増すブラジル（Ｂ）、ロシア（Ｒ）、インド（Ｉ）、中国（Ｃ）の4カ国。豊富なデータを交えながら躍進の秘密を分析し、次代の展望を明確に記す。

770
世界同時不況
岩田規久男
二〇〇八年秋に発生した世界金融危機は、百年に一度の未曾有の危機といわれる。この世界同時不況は、一九三〇年代の世界大恐慌から何を教訓として学べるだろうか。

801
「中国問題」の核心
清水美和
毒ギョーザ事件、チベット動乱、尖閣諸島、軍事大国化、米国との接近――。共産党政権の内部事情を精確に分析し、建国60周年を迎えた「巨龍」の生態を徹底分析する。